2024年度浙江省哲学社会科学规划课题成果
绍兴文理学院优秀学术著作出版基金资助

布艺上的越窑青瓷
——基于叙事思维下的地域文创产品设计

王春燕 / 著

中国纺织出版社有限公司

内 容 提 要

利用叙事思维表达方法，明确叙事设计的实现策略，即叙事主题选取—叙事内容挖掘—叙事情节设置—设计语言表达—产品呈现，为叙事思维引入地域文创产品设计提供清晰的路径。最后，以绍兴越窑青瓷为例，结合叙事设计思维，对布艺文创产品进行设计定位，提取设计要素、挖掘故事、设置情节，最终完成叙事转换。

本书可作为纺织品设计、文创产品设计、艺术设计等领域的师生和从业者的参考用书。

图书在版编目（CIP）数据

布艺上的越窑青瓷：基于叙事思维下的地域文创产品设计 / 王春燕著. --北京：中国纺织出版社有限公司，2024.8. -- ISBN 978-7-5229-1982-9

Ⅰ.TS973.51

中国国家版本馆CIP数据核字第2024QU0043号

BUYI SHANG DE YUEYAO QINGCI
JIYU XUSHI SIWEI XIA DE DIYU WENCHUANG CHANPIN SHEJI

责任编辑：沈　靖　　责任校对：寇晨晨　　责任印制：王艳丽

中国纺织出版社有限公司出版发行
地址：北京市朝阳区百子湾东里 A407 号楼　邮政编码：100124
销售电话：010—67004422　传真：010—87155801
http://www.c-textilep.com
中国纺织出版社天猫旗舰店
官方微博 http://weibo.com/2119887771
北京通天印刷有限责任公司印刷　各地新华书店经销
2024 年 8 月第 1 版第 1 次印刷
开本：710×1000　1/16　印张：10.5
字数：201 千字　定价：88.00 元

凡购本书，如有缺页、倒页、脱页，由本社图书营销中心调换

前言

文化创意产业是在经济全球化背景下产生的以创造力为核心的新兴产业，而设计作为文化创意产业的关键组成部分，其重要性正日益凸显。在当前国家政策环境的鼓励支持下，涌现出大批根植于地域文化的文创产品设计，借助产品设计唤起人们对地域文化的集体记忆，使地域文化发展和传承焕发新活力。叙事思维的本质是"讲故事"的思维，即以产品为故事载体，将文化内容进行合理的编排、组织并以叙事的形式体现在产品中，实现产品使用价值的同时，传达产品的文化内涵。

在地域布艺文创产品中引入叙事设计思维，旨在通过产品中的叙事内容向消费者传播地域文化，构建起设计师、产品与消费者之间沟通的纽带，从根本上提升产品的文化体验。本书对地域布艺文创产品相关理论进行研究的同时，探索地域布艺文创产品叙事的可行性。在此基础上结合案例对地域布艺文创产品中叙事设计思维的结构、特征及内容等进行了探究，明确地域布艺文创产品叙事设计方向，并结合现有的产品设计流程和叙事思维表达方法，实现基于叙事思维下的地域布艺文化创意产品设计策略，即叙事主题选取—叙事内容挖掘—叙事情节设置—设计语言表达—产品呈现，为叙事思维引入地域文创产品设计提供清晰的路径。最后，以绍兴越窑青瓷为例，对绍兴地域的越窑青瓷文化及其叙事性进行分析。在现状调研及用户研究等基础上，明确布艺文创产品的设计定位，结合地域布艺文创产品叙事设计实现策略展开设计实践，构建越窑青瓷叙事主题资源信息库，并从中提取设计要素、挖掘故事、设置情节，最终完成叙事转换，验证了基于叙事思维下的地域文创产品设计的有效性及可行性。本书可为地域布艺文创产品设计开发提供新思路，同时提升产品的文化内涵，推动地域文化的传播与传承。

作者

2024 年 3 月

目 录

第一章　绪论 / 1

第二章　布艺与地域文创产品概述 / 7

　　　　第一节　布艺与文创产品 / 8

　　　　第二节　地域布艺文创产品 / 27

第三章　地域布艺文创产品设计分析 / 33

　　　　第一节　地域中的文化与设计 / 34

　　　　第二节　地域布艺文创产品设计方式 / 38

　　　　第三节　地域布艺文创产品设计属性 / 40

　　　　第四节　地域布艺文创产品设计层次 / 41

第四章　地域布艺文创产品设计原则及设计过程 / 43

　　　　第一节　地域布艺文创产品设计原则 / 44

　　　　第二节　地域布艺文创产品设计过程 / 45

第五章　叙事学与叙事设计思维 / 49

　　　　第一节　叙事学概论 / 50

第二节　叙事设计思维 / 55

第六章　地域布艺文创产品的叙事性设计解读 / 59

第一节　叙事设计思维与地域布艺文创产品 / 60

第二节　地域文创产品设计的叙事构成 / 62

第三节　地域文创产品设计的叙事因素 / 63

第四节　地域文创产品的叙事特征 / 65

第五节　地域布艺文创产品叙事设计实现过程 / 68

第七章　绍兴地域文化——越窑青瓷文化及其叙事性分析 / 83

第一节　越窑青瓷发展概述 / 85

第二节　越窑青瓷的物质文化与叙事分析 / 86

第三节　越窑青瓷的行为文化与叙事分析 / 108

第四节　越窑青瓷的精神文化与叙事分析 / 112

第八章　绍兴越窑青瓷在布艺文创产品中的叙事化设计实践 / 119

第一节　绍兴地域布艺文创产品现状 / 120

第二节　越窑青瓷及布艺文创产品设计调研分析 / 121

第三节　设计构思 / 126

第四节　叙事设计实施 / 142

第九章　结语 / 159

参考文献 / 161

第一章 绪论

文化创意产业是时代发展的产物，是在经济全球化背景下围绕文化资源出现的一种新兴产业，是以创造力为核心，同时强调某种主体文化，根据文化因素结合个人或团队通过创意技术和产业化方式进行开发、营销知识产权（intellectual property，IP）的行业。

近年来，文创产业得到政府的大力支持。2014年3月，《国务院关于推进文化创意和设计服务与相关产业融合发展的若干意见》中明确，推进文化创意和设计服务的发展是增强国家文化软实力、促进产业转型升级、展现国家魅力的重大举措。2017年，《文化部"十三五"时期文化产业发展规划》指出，振兴传统文化，增强文化自信，通过系统梳理传统文化资源，以美学精神引领创意设计，推动文化创意产品开发。党的十九届五中全会从战略和全局上对文化建设进行部署，指出要繁荣发展文化事业和文化产业，提高国家文化软实力，在公布的《中共中央关于制定国民经济和社会发展第十四个五年规划和二〇三五年远景目标的建议》中明确提出，到2035年建成文化强国。文创产业具有以下几个重要特征：一是知识密集型特征，文创产品以"文化＋创意"为核心，是建立在人的知识、智慧和灵感基础上的；二是高附加值特征，文创产品及其衍生品如得到市场认可，就可以获得全球范围内的市场价值；三是高度融合性特征，文创产业是经济、文化、技术等相互融合的产物，不仅能带动关联产业、促进区域经济发展，还可以辐射到社会各个方面，提升民众文化素养。由此可见，通过文化创意产业的发展宣扬传统文化、树立文化自信并实现经济价值是时代的要求。同时文化创意产业通常依托于现有的地域文化资源，结合现代元素并通过创新设计思维的转化而形成，为地域文化注入时代意义，激发地域文化的活力，促进地域文化的传承与发展。

地域文化一般指不同区域和历史条件下，在社会、经济、宗教信仰、民俗文化等因素影响下形成的意识形态、价值观念与生活方式，并在区域内不断发展、传承，与当地的环境相融合形成的独有的文化遗产和物质遗产。地域文化具有地域性、传统性、民族性和变化性交织的特点，给当今的文创产品设计带来了新的思路。我国不同地域的传统工艺、社会生活、人文艺术等形成了丰富多彩的民族传统文化，构成了各具特色的地域文化。然而随着全球经济的发展、文化交流的便捷，多样文化的生存空间逐渐被压缩，文化同质化现象逐渐明显，新媒体传播的主流文化影响并引导了年轻人整体对文化的认知，传统地域文化则面临被遗忘的困境，而文化创意产业为打破这一困境提供了极大可能性。布艺文化作为传统文化的重要内容，是建立在中国传统文化基础之上的，具有鲜明的地域性文化特征，其产品在实用的基础上强调了精神属性，注重文化内涵，满足消费者的使用功能需求的同时，增加了消费者的情感体验，是文化创意产业的重要内容之一。

我国传统文化底蕴深厚，丰富的地域文化素材为布艺文创产品设计提供了源源不断的灵感源泉，在研究布艺文创产品设计方法的过程中，强调文化元素的地域独特性及与不同领域、不同时代的融合应用，强调用户对产品的情感体验。如国外学者帕洛马·迪亚斯在设计中融入计算机科学等领域内容，进行跨学科的交叉研究，主张通过CODICE（协同设计数字文化交流）软件工具厘清产品设计背后的原理，为用户提供更好的体验，激发设计师的创意设计思维。2019年11月，在"博鳌文创论坛文创前沿对话"活动中，清华大学文化创意发展研究院发布《国潮研究报告》，提出了复兴中国优秀地域传统文化，旨在设计出既有地域文化特征又符合时代

布艺上的越窑青瓷——基于叙事思维下的地域文创产品设计

审美趋势,并能展现中国文化自信的文化创意产品。随着国潮文创产品的兴起,集文化性与实用性于一体的布艺文创产品走进了年轻人的视野,在当今丰富的物质文化及审美能力的加持下,年轻人对产品本身的文化底蕴、产品美学价值的表达有较高的要求,过于市场化、缺少个性化的设计已经无法满足现代年轻人的需求,于是结合传统文化元素转变设计观念,注入设计新思想,在设计中引入叙事思维,拓展设计思路,通过叙事设计思维与布艺文创产品的结合,使消费者对故事化的产品内容及创意性的产品表达方式产生共鸣,从而理解地域文化主题,实现消费者在美的认知、生活的体悟的基础上,重新认识地域文化,也是地域文化传承的一种方式。但就目前市场而言,以文化为核心的布艺产品设计开发中,产品形象及图案纹样缺少独特性,消费者无法体会产品中的文化精神内容及情感叙述,由于视觉元素及表达形式的创新受限,导致产品缺少文化内涵。鉴于此,设计师通过一定的设计思维,根据地域文化明确的主题将文化体现在布艺文创产品中,并在产品中加强情感输入,提升用户体验,在达到产品传播地域文化目的的基础上实现经济价值成为需要解决的问题。

越窑青瓷作为典型的地域文化,起源于魏晋南北朝时期,被誉为"中国瓷母",产地位于今天的浙江省上虞区,早在东汉年间,世界上最早的成熟瓷器就出现在上虞小仙坛窑址上,其烧制温度达到1300摄氏度,胎质细腻,釉色清润,实现了由陶到瓷的华丽转身。青瓷以其清新雅致、朴素自然的风格和优美的造型、丰富的装饰及精湛的工艺而著称,是中国古代瓷器的经典代表之一。除了造型,色彩的独特性成了越窑青瓷的名片,青翠色干净纯粹,与茶色相似,并与饮茶文化相得益彰,符合古代文人的审美及精神需求。经过数百年的发展和演变,越窑青瓷至宋代成为当时主要的宫廷贡瓷之一。然而由于政治、经济等影响,越窑青瓷从北宋时期开始逐渐衰落,到了南宋停止烧制。至现代,随着对传统文化研究的深入,上虞越窑得以重新开发挖掘并研究,共经历了四个阶段:第一阶段,中华人民共和国成立前,中国陶瓷考古之父陈万里通过对浙江古窑址的调查,撰写《瓷器与浙江》《中国青瓷史略》,他曾言:"一部中国陶瓷史,半部在浙江。"第二阶段是中华人民共和国成立后到20世纪80年代,在1978年6月举行的"中国古陶瓷学术会议"上,对浙江上虞地区以小仙坛窑址为代表出土的东汉青釉器进行物化性能分析测定及学术研究。第三阶段是20世纪80年代后期至2013年,以文物普查为基础,对上虞早期越窑青瓷进行研究,陆续出版的专著有《越瓷论集》《古瓷新探》《瓷国之光:上虞古代瓷业回眸》等。随着越窑青瓷研究成果的涌现,绍兴上虞越窑青瓷的陶瓷工艺也开始得到探索。第四阶段是2013年至今,绍兴上虞越窑青瓷以学术研究与工艺复兴两个方向为基础,引进国际陶艺家入驻项目,并与国内高校进行合作,实现了多层面的跨越式深入发展,使研究绍兴上虞越窑、弘扬瓷源文化、传承历史文脉得到进一步发展。越窑青瓷的复兴使绍兴传统的地域文化重现在人们视野里,而文创产品形式的介入,创新了传播思路,使人们对越窑青瓷的文化认识有了更多的途径。如拓展产品的设计思维,通过叙事方式将越窑青瓷文化融入文创产品中进行设计应用,总结设计方法,构建以叙事思维为基础的布艺文创产品设计路径,为设计师提供有别于传统的设计思路与设计视角。相关研究通过挖掘和提炼绍兴地域青瓷文化资源,结合现代审美并运用叙事思维对布艺文创产品进行创新设计,旨在创造符合现代生活的新形象产品,为地域布艺文创产品的设计与生产实践提供具体可行的新思路。同时通过将叙事思维引入地域文化布艺文创

布艺上的越窑青瓷——基于叙事思维下的地域文创产品设计

产品设计，为消费者带来深层次文化体验的同时，带动了地方文化产业的发展，使越窑青瓷文化得以传承与传播。

综上，一方面，将叙事思维引入地域布艺文创产品设计中，创新了产品设计的手法，拓宽了设计思路，丰富了设计想象力，使原有的主题性设计思维转向事件故事性，增加了产品的趣味性及连续性，丰富了地域文创产品相关理论，对地域文化产品的创意开发具有一定的指导作用。同时为其他领域中引入叙事学思维提供一定的借鉴。另一方面，将独特地域文化融入产品创新设计，从而让消费者更好地了解、传承和弘扬传统文化，满足人们对艺术和美的追求，体现民族文化的艺术价值。同时可促进相关产业的持续发展，运用文化创意产业的特点，通过拓展地域文化产业，实现地域文化的传承与发展，从而带动地域经济文化的繁荣。由此可见，基于文化产业兴盛的背景及传统文化的传承与复兴的需求，运用叙事设计思维将越窑青瓷元素融入布艺文创产品中，是布艺文创产品获得广阔市场空间的有效途径，同时也呼应了国家大力发展文创产业的时代背景。

第二章 布艺与地域文创产品概述

第一节 布艺与文创产品

一、布艺概述

布艺即布上的艺术，是以布、绢、绸、缎等纺织品为主要材料，以民间百姓对美好生活向往的内容为题材，用变形、夸张的手法，同时融合、吸收民间美术中的制作技艺，如剪、缝、绣、贴、挑、拔（扎）、拼、缠、纳、叠、镶等技法来制作的一种布质工艺品。传统民间布艺具有题材广泛、造型多样、风格各异、色调丰富的特点，常应用于服饰、鞋帽、家居、装饰及玩具，集趣味性和实用性于一体，在满足人们实用需求的基础上，体现了一定的艺术经济价值。

（一）传统布艺及其纹样题材

布艺作为人们生产生活、礼仪以及信仰禁忌中不可或缺的组成部分，在传统文化中有着举足轻重的地位。布艺的历史可谓源远流长，陶、石纺轮、骨棱等纺织工具在新石器时代的仰韶文化遗址中就已被发现。人们采集野麻纤维，通过手工捻制麻纱，而后织成麻布。随着针的发明，布艺艺术得到了进一步的发展。《周礼》中"刻缯为雉翟"的记述说明，此时的缝贴技艺已经得到了发展，到唐代缝贴布艺形成了"贴绢""堆绫"等独特的手工艺技法。明代吉祥图案的兴盛使布艺题材的寓意得到了强调，清代是民间布艺最繁荣时期，工艺精湛，产品妙趣横生。传统民间布艺纹样内容十分广泛，多用一些隐晦的、象征性的图形，如用花卉、虫鸟、植物、动物等形成谐音的吉祥图案和具有象征性、寓意性的吉祥图案符号，使布艺成为满足人们精神需要的民俗文化形象的载体，记载着深刻的文化传统和内涵，传达着人们对美好生活的向往和追求。传统布艺纹样内容主要包括图腾符号类、自然形象类及几何类。

1. 图腾符号类

图腾符号是古代原始部落由信仰发展形成的一种标志、徽号或象征，彼时人们幻想借助神秘的力量抵抗人力不可抗拒的生老病死及自然灾害，于是图腾符号成了人类对无常生命的一种精神寄托。如猛兽符号希望借助猛兽的力量提高抗击疾病、灾难的能力，鱼蛙符号希望借助鱼类、蛙类的生殖能力满足人类延续子孙后裔的愿望，龙凤符号希望借助龙凤预兆富贵祥瑞，等等。民间布艺中作为图腾符号出现的题材内容有鱼、蛙、虎、狮、龙、凤等，这些符号形成了布艺中具有象征意义的纹样。

蛙纹在新石器时期的彩陶上就有出现，是人类文明早期重要的文化符号。蛙纹造型以圆形或三角形为主，形象生动而具体，蛙纹中心以圆点进行装饰，寄托生命的绵延不断。以蛙为素材的纹样在民间大量使用，如我国少数民族黎族以青蛙为原型进行变形，使之抽象几何化形成经典的蛙纹并应用在织锦中。黎族服饰中的纹样几乎都与蛙形有联系，"菱形化"是黎族蛙纹最显著的特点，早期的黎族织锦中蛙形以简单的线进行概括，随着社会发展，蛙造型逐渐夸张，线条富有力度，并与人形结合成蛙人纹，其双臂平展或高举，两腿呈菱形弯曲，左右对称。黎族人们视蛙为灵物，对蛙极其崇拜，一方面，早期人们对大自然的无常产生恐惧与敬畏，意图通过某种超自然力量来克服恐惧，得到神灵的庇护。因此，他们将日常生活中的一些经验如蛙鸣雨至的自然现象，与非现实的灵魂、神灵世界联系起来，认为蛙具有超现实能力，可以帮助人们实现祈求雨水及丰收的愿望。另一方面，黎锦中的蛙纹代表着黎族人的祖先崇拜和生殖崇拜。黎族崇拜女性，视他们的始祖为"黎母"，黎锦中的人形蛙纹体现了"黎母"形象，强调了祖先崇拜的观念，同时蛙纹寄托了黎族人期盼人丁兴旺、民族繁荣的愿望，体现了黎族人的生殖崇拜。民间以"蛙"为代表的布艺品品种繁多，如蛙背心、蛙肚兜、蟾蜍荷包、蟾蜍围嘴、蛙枕等，寓意辟邪消灾、健康顺遂。

  鱼纹最早出现在新石器时代的彩陶上，原始的鱼纹多以单体写实的自然形态出现，经过后期的演变，造型逐渐由具象到抽象。其形式主要有单体鱼纹、复体鱼纹、人面鱼纹以及抽象变化鱼纹等。鱼图腾的崇拜来自早期鱼变龙的嬗变，鱼龙纹是原始部落联姻融合的结果，在《左传》中记载"龙族"与"鱼族"相融合创造出了龙化鱼、鱼化龙的传说，后世的鲤鱼跳龙门由此演化而来，这也反映了中华民族坚忍执着、积极进取的精神。鱼纹不仅含有祖先崇拜之意，还含有巫术、生殖崇拜之意，民间服饰中常用双鱼、鱼莲、鱼鸟等纹样表达青年男女对未来生活的美好憧憬与向往。如汉族肚兜上体现生殖崇拜的纹样有"鱼戏莲""鱼鸟莲花""双鱼同贺""鱼水之欢"等，传达了人们对繁衍子孙、夫妻美满的美好愿望。其他少数民族服饰中鱼纹各具特色，如洱海白族过去曾盛行戴"鱼尾帽"，帽子形似鱼形，常用黑色或金色制成，帽子前后分别为鱼头和鱼尾，帽子上缀满银泡或白色珠子用来表示鱼鳞，传达了多子多福的寓意。云南省大姚县桂花镇彝族姑娘头戴鱼尾帽，身穿缀满横条及花卉图案的长裙，整体看如一条夸张的花鱼。红河哈尼族彝族自治州哈尼族佩戴鱼银饰、景颇族妇女肩饰形如鱼泡等都是生殖崇拜的体现。同时鱼纹常寓意吉祥,《史记·周本纪》载有,周有鸟、鱼之瑞。鱼纹常与其他吉祥纹样组合,表达不同的寓意,如鱼和莲结合成鱼莲纹寓意连年有余等。不同的工艺鱼纹呈现不同的效果,如刺绣、印染、蜡染、织造等工艺制作出不同具象、抽象的"鱼"纹,如汉代"双鱼"织锦、明代八吉祥织金锦等。除了平面鱼形,传统布艺中常采用立体鱼形表现鱼的灵动和喜庆,如早期民间布艺鱼枕造型丰富、种类较多,其中一些鱼形造型简洁,由单线交叉形式组成,注重头部刻划,特征为鱼口张、目圆睁。后期的鱼纹造型自然,构图时常见两个鱼头相对或相向,注重对称均衡的形式美。还有常见的各种鱼形配饰、鱼形帽、鱼形鞋以及服饰上的鱼形香包等。

虎作为趋吉避凶的瑞兽,在商周及战国时期的青铜器上就已经出现,造型为侧面、大张虎口、虎尾上卷,有的是双虎纹。战国时期的瓦当常使用虎纹,既有奔虎图案,也有双虎嬉戏图案。东汉应劭所著《风俗通义》中说:"虎者,阳物,百兽之长也,能执搏挫锐,噬食鬼魅。"明清时期,虎文化出现了具有民俗内涵的重要主题——辟邪纳福。人们视老虎为吉祥神兽,能守诚信,驱邪气,纳祥瑞。虎纹形式为两种:一是以虎外观形象为原型的布艺品;二是以虎形纹样为装饰的布艺品,凸显纹饰美。以虎外观形象为原型的大多以双鱼为眉,或以人祖为鼻,眼则为太阳形,加上民间的意念造型,将虎与其他物象结合,出现虎与蛙、蛇、鱼、猴、蝴蝶、五毒等合体造型。最具有代表性的就是"艾虎五毒",在老虎的外观形象上缝制蝎子、蜈蚣、蛇、壁虎、蟾蜍五种动物,采用黄底色,有以毒攻毒、驱灾辟邪的寓意,常用于儿童的背心、帽子、鞋子、头枕、玩具等。以虎形纹样为装饰的大多以传统吉祥纹样的形式出现,是民俗文化的重要组成部分，在各类民俗织物中活跃着大量的虎形纹饰，主要应用于衣着服饰、家居纺织品及装饰陈列中，衣着服饰类包括虎头帽、虎头鞋、虎围嘴、虎肚兜等，家居纺织品类包括虎枕等，装饰陈列类包括虎挂件、虎香包等。

中国的狮纹是受外来文化影响而产生的图腾符号，人们崇拜狮子，认为其是威严勇敢的象征。汉代，狮形象因佛教传入中国，狮子图案作为佛教艺术中常用的题材，在三国时期就以狮子舞形式体现在器物上。早期狮子纹样造型由开始的单狮到双狮追逐嬉戏、狮子绣球等，形象神态轻松，民间生活气息浓厚，后期狮纹构图饱满，纹饰层次繁多，绘画细致，生动有趣。明清时期的狮子纹更为丰富，有双狮、三狮、九狮等，内容有舞绣球、嬉戏、姿态雄壮优美、动感十足，体现出当时较好的经济基础和多样的审美意识。狮子作为猛兽，使人们相信其形象能祛恶辟邪，在民间布艺中狮子纹样多用于儿童用品，如狮头鞋、布狮子等，寓意孩子能具备猛兽的威力，勇敢健硕。

龙是中国古代传说中的祥瑞神兽，是三皇五帝时期的上古四神灵即龙、凤、麟、龟之一，也是中国传统文化中星宿四象即青龙、白虎、朱雀、玄武之一。东汉许慎的《说文解字》载："龙，鳞虫之长，能幽能明，能细能巨，能短能长，春分而登天，秋分而潜渊。""龙"的形象包含了多种动物元素，这和传说中龙形象是由部落征战中获胜方不断叠加战败方图腾而形成新图腾相符。在神话传说中龙掌管雨水，可以对风雨雷电施加影响，寄托了人们控制、驾驭自然的愿望。在古人眼里，神秘而高贵的龙拥有不可思议的力量，于是出现物化的龙形器物和龙形纹饰并对其进行崇拜，期望获得至高无上的能量与权力。如在仰韶文化中的陶器上就有类似蜥蜴、壁虎状的龙纹。龙纹主要有爬行龙纹、蟠龙纹、两头龙纹、双体龙纹、交体龙纹五种形态。民间的龙纹多见于男子的衣饰及配件上，如服装、包袋等，其装饰简洁，饰以弯曲的形态和简化的龙头，目的是借助这一物象表达富贵、吉祥的美好愿望。秦汉以后，龙成为皇家专用形象，特别是在明清时期，龙纹达到了一个成熟的高峰，成为皇权的标志之一。皇帝的龙袍通常绣有多条龙，体现了龙纹这一皇权的象征，强化了龙纹作为皇权象征的地位。

"凤"的形象早于龙，七八千年前的"高庙文化"与"河姆渡文化"就出现了以鸟为原型的凤文化。《尚书·益稷》记载："箫韶九成，凤凰来仪……"这应该是最早有成熟文字记载的关于"凤"的信息。在上古时代，凤以神或神的使者而存在，给世人带来祥和。《山海经·卷一：南山经》记："丹穴之山，其上多金玉……有鸟焉，其状如鸡，五采而文，名曰凤凰……是鸟也，饮食自然，自歌自舞，见则天下安宁。"《说文解字》中记载："凤，神鸟也……出于东方君子之国……见则天下大安宁。"在漫长的历史发展过程中，凤文化的内涵与龙一样，由图腾转向了"天命"，被推崇到相当的高度，成为通天使者，是和平、光明和温暖的真善美化身。凤的形象综合了多种动物特征，它不仅有鸡、鹰、鸟的形象特点，还融合了兽、鱼、蛇等形象。同时凤纹亦称凤鸟纹，包括凤纹及各种鸟纹，凤纹的羽翼丰满，特征明显。商周时期，凤纹都是鸟的侧面形象，以对称形式排列，大部分鸟喙呈闭合的弯钩形。凤作为人们想象中的吉祥神物，寓意祥瑞降临于世，生活美满幸福。以凤纹饰为主体的布艺多见于女子布艺物品，如服装、包袋、装饰品等。

南方崇凤，谓之凤骞，北方尊龙，谓之龙腾，这就是所谓的"凤骞龙腾"。在很长一段时间内，南北两大图腾在华夏大地并驾齐驱，昭示着一种既厚重温敦又激奋昂扬的祥瑞之气。凤文化与龙文化相辅相成，符合中国传统文化中阴阳互补和对立统一的哲学思想，如果说龙代表中华民族刚毅、进取、不屈的精神，凤则表达了中华民族仁慈、宽厚、智慧的品质。以龙凤为题材的布艺多以平面形式呈现，造型多具象，常见于装饰挂件，民间婚礼中常有以龙凤为元素的婚礼服及布艺装饰品。

在远古社会，由于环境恶劣，人们产生很强的自我保护意识，将一些自然生物作为远离苦难的寄托物及自己生存的依附物，在这种意识引导下，崇拜自然图腾成为一种单纯的内心信仰，蝴蝶这个源于自然的灵动生物就被看作自由的化身，成为苗族人崇拜的对象。如黔东南地区苗族人将蝴蝶比喻为妈妈，把它当作图腾进行崇拜，形成了"蝴蝶妈妈"，"蝴蝶妈妈"成为苗族人民的祖先。人们希望自己可以像蝴蝶一样舞动着双翅飞翔在大千世界里，也坚信世界上的一切事物都源于自然，认为人拥有自然的力量才可拥有外在强大的力量。"蝴蝶妈妈"代表了苗族人希望人与大自然能和谐共处、融为一体的美好愿望。这便产生了"万物有灵"的观念，也产生了"天地与我共生，而万物与我为一"的理念。因此，蝴蝶纹样广泛应用于苗族服饰中，苗族族徽也使用蝴蝶纹，其族徽中心主体图案为蝴蝶，两侧为苗族神话里的枫木图腾和苗族人最喜爱的古乐器芦笙。族徽使用刺绣工艺使形象简洁大方且精致美观，寓意深刻。现存的苗族绣片与服装中，都有蝴蝶的踪影，有的将蝶与花两种不同形态的生物融合在一起，如花似蝶，体现了苗族人民无穷的创造力与想象力。

2. 自然形象类

自然包罗万象，有着无穷无尽的素材，很多布艺品的题材都直接或间接来源于对自然界形态的模仿或抽象概括，人们经常利用身边的自然事物进行构思和设想,并赋予自然物象丰富的文化内涵,制作出具有地域特色及深厚寓意的布艺品。如将花卉虫鸟、瓜果植物、日月星辰、自然建筑景观、人物形象等进行概括描述,通过模仿、转化、联想、组合、夸张、类比等手段,采用布艺形式传达美好寓意。常用的花卉蔬果有牡丹、荷花、梅花、芙蓉、石榴、桃、豆角、葫芦、百合、佛手等,形式多样,有单独形象,也有组合形象,寓意美好。如富贵牡丹和瓶子一起寓意富贵平安,百合与柿子一起代表百事如意,莲花和梅花一起寓意和和美美,莲花和桂花一起寓意连生贵子,一对莲蓬寓意并蒂同心等。布艺品中自然虫鱼题材也占据一定的比例,如喜鹊、蜻蜓、蝴蝶、蝙蝠、蟾蜍、青蛙、鱼虾、螃蟹等,一般利用谐音和花卉植物组合形成寓意,如喜鹊和梅花组合寓意喜上眉梢。文字题材如福、禄、寿等常出现在布艺产品中,多用于老人产品,寓意老人健康长寿。人物形象在布艺中一般作为主形象出现,布局居中,多环绕花卉植物等,如披肩布艺品上人物和花卉、云纹形象的组合,象征如意。民间腰袋即钱包上儿童位于中心,四周环绕着花卉及威武的狮子护卫着铜钱的形象,简洁质朴,生动形象。这些布艺产品体现人们追求美好生活,祈盼吉祥、趋吉避凶的美好愿望。

3.几何类

几何类题材主要包括涡纹、回纹、席纹、云气纹及曲水纹。

涡纹又称漩涡纹,是一种古老的符号,因形态近似漩涡而得名。涡纹如水中涟漪,寓意生生不息,也似太阳之火,象征光明和永恒。涡纹分为圆圈涡纹和吞噬涡纹两种,圆圈涡纹由大小有序、间距均等的同心圆组成,吞噬涡纹是由一条或几条弧线从内向外螺旋状盘绕而成的纹样。涡纹最早出现在新石器时代的彩陶上,是人类最早的图形艺术。春秋战国时期,涡纹与神兽纹组合，如与龙纹组合应用在祭祀礼器上，寓意乘风破浪、积极进取。至唐宋时期，涡纹与莲瓣纹、流云纹、火焰纹、弦纹、菱形纹、蔓草纹、团花纹等组合应用于茶器、花器等器皿上，之后，涡纹逐渐被云纹、水纹等取代，很多时候作为辅助纹样出现在纺织品织物上。如我国少数民族布依族多数居住地依山傍水，被誉为水的民族。线条细密盘旋成圈的漩涡纹样是布依族传统服饰上非常重要的纹饰，通常采用蜡染的工艺在被面、垫单、包布、头帕、背扇、围腰、衣服、裙子等上绘制漩涡纹，这些漩涡纹有的代表水，有的代表大小不等的河流，线条流畅优美，寓意源源不断、生生不息。

回纹从漩涡纹发展而来，最早出现在新石器时代的马家窑文化中，并流行于商周时期。回纹造型如同"回"字，是由直线横竖连接形成的回字形，根据回纹构成回环重复的特性，象征着生命的延续和繁衍，寓意生生不息，表达了对未来生活"富贵连绵不断"的美好愿望。回纹造型简洁、规整，以单体或以一正一反或以一笔连环构成二方连续或四方连续的图案，具有强烈的中国传统纹样的特点，常出现在器物的口、颈、腹等部位，春秋时期回纹演变发展成方形与菱形等样式，唐代以后回纹逐步变为辅助纹样出现在家具、服饰、陶瓷上。同时，回纹也与其他图案如花卉、云彩、龙凤等结合，丰富了纹样的视觉效果和文化内涵。例如，将回纹与花卉图案结合，寓意繁荣和吉祥，将回纹与龙凤图案结合，常用来寓意皇家的尊贵和权威。

席纹是陶器装饰的原始纹样之一，最早出现在新石器时期的彩陶上，是由排列紧密、互相间隔压叠的经纬线组成的编织纹样，呈"十"字形，因形似席子而得名。随着陶器工艺的发展和审美水平的提高，人们开始将席纹进行排列组合变化，由横、纵、斜的排列形式展开，以二方连续或四方连续的方式在器物表面进行重复排列，形成多样化的、富有条理及韵律的图形。在近现代，简洁明了的席纹受到实用主义者的推崇，在布艺产品中常被用作底纹或边饰。

云气纹由流畅的圆涡形线条组成，是汉魏时代流行的中国传统装饰纹样之一。商周的云雷纹、先秦的卷云纹、两汉的云气纹和隋唐的朵云纹、如意纹，都是当时经典的纹饰。云气纹一般作为底纹，也有独立纹样，寓意高升和如意。云气纹的艺术形式与当时人类赖以生存的外部环境有着密切的关系，是人们通过云的图形转化认识自然现象的一种方式。如商周青铜器上的"雷纹"表达了古时人们对云、雷等自然现象的认识及对其形象特征的提炼。先秦和两汉时期，与天界、飞升思想相关的云气纹替代了商周青铜器上典型的具有独立性装饰的雷纹，使云纹逐渐从强调形似发展到强调神似，多为飘带云纹。唐代云气纹有双勾卷和单勾卷两种样式，形态盘绕舒卷、生动流畅。宋代云纹日益精致和复杂，形成了铺陈、繁复的叠云纹。叠云纹线条均匀细密、波折弯曲，形成层叠重复、弧旋勾卷和自由多变、连绵不断的组合形式，体现了宋代人以儒家理学为代表的文化心理逐渐趋向于保守、封闭与虚静。元代的云气纹形态散漫、富有写意性，形象安详、沉静，却又充满生气，成为一种既服务于主体心境又具有相对独立审美价值的装饰图案。布艺产品中的云气纹常用作辅助纹样。

曲水纹从宋代锁纹发展而来，李诫《营造法式》图绘部分绘出了"万（卍）"字、"王"字、"天"字、"丁"字、香印、料底或匙头等抽象曲水纹，在布艺纹样中通常用作底纹。织物上的曲水纹多为"卍"字曲水和"工"字曲水，意为吉祥万福齐集之所，如"卍"字四端纵横延伸，相互连续，称为"万字不断头"，有长寿、子孙延绵、富贵不绝等寓意。曲水纹是宋锦的常用纹样，元代陶宗仪《南村辍耕录》中记宋御府所藏名画锦裱所用织锦中，有一种"紫曲水"，作为底纹呈现，并注"俗呼落花流水"。曲水纹在明清时期的纺织品上得到广泛的应用。

（二）传统布艺的色彩特征

在传统观念及民俗文化的影响下，民间布艺色彩的地域文化特征十分明显，传统吉祥色彩以红色和金色为主，并使用互补色增加色彩的视觉冲击力，强调生命的热烈及美好，使人们获得精神上的愉悦。如北方传统布艺由色彩斑斓的色布与绣线组成，各种艳丽色布有的做底布，有的做图案，再用碰撞色线或无彩色线将图案缝制或绣于底布上，用色大胆、色调明确，如各种不同色调的虎头鞋、虎头帽中有的底布为红色，其他图案用草绿、粉红、明黄等颜色，并用小面积黑色线、白色线进行图案勾边，黑白线将原本对比强烈的各色彩进行间隔，使之趋于和谐。有的底布为黑色配以湖蓝色、大红色、紫罗兰色、金黄色等，并以粉绿色线缝制，色彩热烈而协调。北方传统布艺常运用大红、洋红、翠绿、湖蓝、艳紫、明黄等高纯度互补色进行搭配，并以金银钉珠、黑白线条为间隔进行调和，浓艳而不俗，跳跃而协调，符合北方民族豪爽的人文特色。南方民间布艺配色较温润，色彩纯度略有降低，如底布与图案的色彩强调色相对比关系，随着纯度的降低，整体色彩趋于雅致，布艺色调丰富，其中最常见的是暗底上使用低纯度、高明度的色系，即底布为暗红色、熟褐色、墨绿色、深蓝色、黑色等，用豆沙绿色、金色、土黄色等中性色丝线绘制图案，图与底形成色彩明度、色相的对比，使图案的形象鲜明且雅致。

(三) 传统布艺的工艺特征

传统布艺造型多样，风格多变，一般通过剪、缝、绣、贴、挑、拨（扎）、拼、缠、纳、叠、镶等技法制作而成。不同产品的制作工序不同，有些简单，有些复杂，通常先局部再整体，如制作一个虎头帽，从最初的原材料开始进行纯手工制作，先是打袼褙、剪样、画样、贴布，然后绣虎眉、虎眼、虎嘴、虎耳及拖尾，把它们分别绣好后，再缝到虎脸上，后期再穿流苏、珠子，做一个成品的虎头帽需要两万多针才能完成。

传统布艺的图案工艺主要分为三大类，分别是绣花、挑花和贴花，三种工艺风格各具特色。布艺产品中有的单独使用某一类工艺，有的几类工艺组合使用。绣花工艺的针法很多，有铺针、平针、散针、打籽、套扣、盘线、辫子股及锁绣等。南方织绣历史比北方长，风格秀丽细腻，北方用针较粗，配色绚烂大胆。如打籽是江南荷包的刺绣针法中使用较多的，在绣面上用针将线引出，接着用线绕针尖一圈，距起针点两根纱的宽度处下针，钉住线圈并将线拉紧，便打成一个"籽"，如此重复，依次排列成纹样。刺绣一般用各色绣线形成微雕纹样。布艺刺绣中也有缉珠工艺，又称穿珠、钉珠，是将不同颜色的珠子钉在绣面上，一颗珠子就是一个点，不同疏密的点组成纹样，形成较强的立体感。绣花工艺中的辫绣又称锁绣，是在缝纫"锁针"的基础上发展而来，即把丝线绣成锁链式的线结，再以线结为基本元素，按不同的组织构成不同的纹样，其组织构成的连续纹样形态像发辫，所以俗称为"辫子股"。绣花工艺中的盘线，又称钉线，即绣线按设计稿绣制进行造型，盘绕在刺绣荷包的布面上，或作为轮廓排列在布面上，再用另一条丝线将盘线钉在布面上，借以表现出刺绣纹样。绣花中的堆绣，又称贴绫绣、贴绢绣、剪彩绣，其能表现大块面的布艺纹样。

绣法是把各色绫子按布艺纹样的造型分块剪好，然后按画稿逐块组合拼贴于布艺绣面上，再用接针沿边把绫子逐块钉牢。绣花中的纳纱是将纱布作为刺绣布艺的面料，按照纱布的格数进行上下垂直的行针，有规律地往返穿刺，使绣线平铺排列，按纹样的形态变换不同的丝线而形成纹样。挑花又称十字绣，是用专用的绣线和十字格布，按照面料十字经纬纹路进行挑绣而形成各种吉祥图案的刺绣形式。贴花是古时将剩余的不同颜色的边角布料拼接而形成各种图案纹样，又称"补花"。人们常常将拼接而成的面料重新制成各种布艺产品，如古代民间通过这种方式制成有保佑平安之意的"百家衣"。中国布艺表现了人们对美好生活的向往，是智慧的象征，具有鲜明的艺术特色。

（四）传统布艺的文化内涵

历经数千年的发展演变，传统布艺已蕴含丰富的文化内涵，并呈现为多样化的形式。在整个发展过程中，不同时代的传统布艺受到当时政治、经济及社会环境的影响，人们对其蕴含的精神文化内涵和象征意义也有着不同的理解，主要体现在以下三个方面。

1. 图腾崇拜

在原始社会，人类赖以生存的环境恶劣，对自然中的生老病死现象无法解释，常常希望通过外物力量抵抗大自然不可预测的威力，如赋予某些动物、植物、几何纹样等神秘的力量来抵御生活中遇到的灾害，以获得精神上的安慰与寄托，这些绘制的动物、植物、几何纹样等形成了早期部落氏族的图腾，对图腾的崇拜形成了图腾文化。图腾崇拜作为原始宗教的一种文化，在各个部落均有不同的特性。部落在各类生活、祭祀用品中将具有部落特色、象征美好寓意的纹样进行雕刻或刺绣，希望图腾可以保护部落族人健康平安。古代很多部落氏族都有自己的图腾,如伏羲氏族以蛇为图腾,黄帝部落以熊为图腾,炎帝部落以牛为图腾,九黎族先以牛为图腾,后以黄雀为图腾,东夷族以凤鸟为图腾。

传统布艺纹样在题材的选取上大多包含趋吉避凶的含义。如织物上逢凶化吉的"蝙蝠纹",由于"蝠"与"福"同音,自古以来,蝙蝠就被人们当作"福从天降"的象征。一只蝙蝠在面前飞舞,被称为"福在眼前"。又如在古代,人们常常在门帘等布艺上刺绣虎图案,试图用神兽的形象起到镇宅的作用,祈求虎能为人驱邪、保平安,使全家安宁和幸福。传统肚兜纹样中的"虎镇五毒"纹样,表达了人们希望通过虎的威力及凶猛来压邪、镇毒,以谋求生活的幸福。

2. 宗教崇拜

随着社会的进步,图腾崇拜日趋淡泊,原始宗教浮出水面,巫成为氏族的精神支柱,是智慧的化身,是灵魂世界和现实世界一切疑问的解答者。在布艺产品中,人们赋予纹样一定的特殊职能,如传统布艺虎头帽中的虎威武凶猛,被人们看作具有灵性的神物,被赋予了特殊功能。它上通天体、下降吉祥、纳福驱邪。

3. 吉祥寓意

自古以来人们崇尚吉祥文化,这是人类追求美好生活的反映,在众多传统布艺文化中承载着人们的吉祥观念。有健康长寿的象征,如在众多布艺产品中,蝙蝠、鹿的题材常出现在老人布艺用品上,象征着"福、禄、寿",是对老人健康长寿的祈愿。儿童服饰上常用老虎、"五毒"、狮子等动物题材,期望孩子像老虎一样充满力量,健康成长。有多子多福的象征,如在人类社会中,生存与繁衍是首要问题。在传统布艺文化中,出现很多与生殖崇拜相关的主题纹样，象征子孙繁衍、人丁兴旺。如苗族蜡染中的鱼纹，鱼象征着女性，寓意多子多福，还有传统布艺中常出现百子图、石榴一果多子图、麒麟送子图等，人们将子孙兴旺的美好愿望绣在布艺产品上。有迎祥纳福的象征，在传统布艺上，常用吉祥纹样求富贵、寓康寿、保顺安。如儿童肚兜、香包上的"蝙蝠纹"。"蝙蝠纹"常常将不同的题材组合在一起形成不同的象征，如蝙蝠和马组合在一起，被称为"马上得福"，当五只蝙蝠与"寿"字组合时，被称为"五福捧寿"，这"五蝠"分别代表了寿、富、康宁、修好德、考终命，寄托着人们对美好生活的祝福。

传统布艺作为中华民族悠久历史和灿烂文化的重要组成部分，不仅展现出中华民族文化的深厚内涵和鲜明特色，还提供创造性和审美性的体验，具有独特的精神文化和社会文化价值。在精神文化价值方面，传统布艺不仅体现了劳动人民的智慧与创造力，而且承载了中华民族的礼仪风俗和传统美德，具有丰富的精神文化价值。布艺的各种题材造型、绚丽的色彩及精致的工艺体现出来的寓意，使人们的心里充满了爱与希望，同时赋予人们克服困难的勇气和力量。在社会文化价值方面，很多布艺产品除满足人们的精神需求，还具有实用功能，如虎头鞋、虎头帽、头枕等。随着社会的发展、民族的振兴，人们逐渐开始重新认识民间传统手工艺，在近几年的非物质文化遗产展览中，布艺深受当地人民的喜爱，也充分体现了它的经济价值。

二、布艺文创产品及其发展

（一）文创产品及其发展概述

文化内容是依靠产品这个载体而存在的，所谓产品是指能够供给市场，被人们使用和消费，并能满足人们某种需求的物品。它既包括有形的物质，也包括无形的服务、组织、观念等,即物质产品与精神产品,简单来说,"为了满足市场需要而创建的用于运营的功能及服务"就是产品。联合国教科文组织认为文化产品是传播文化、符号、生活方式的可见产品,是以物质产品为载体的文化消费品。当人们生活方式改变时,需求也会不同,这就需要设计出新的产品适应变化,因此,文化创意应运而生。文化创意最核心的内容就是"创造性的想法",在于人的创造力以及最大限度地发挥人的创造力。"创意"或者"创造力"包括两个方面,第一是"原创",是指独立完成的可经过、可停留、可发展的新的存在。第二是"创新",指在现有的思维模式基础上,改进或创造新的事物,形成新的内容。文化创意产品相对于一般产品的概念更侧重于文化内涵的承载和体现,其以文化为驱动,在物质产品的基础上体现精神层面的价值,将文化资源通过创意转化成产品,同时消费者通过产品获得文化体验,实现文化传播,使之产生一定的经济价值。

文化创意产品这一概念从欧美、日韩等国家兴起并快速发展,其中极负盛名的是大英博物馆文创产品。近年来随着国家的大力支持,我国各地文创产业蓬勃发展,最具代表性的是博物馆文创产品迅速兴起,如2015年故宫文创产品的开发带动了我国文创产业的快速发展。随着文化产业的改革,文创产品日益强调民族地域特色,重视非物质文化遗产挖掘及传承,结合人工智能、区块链、5G等新技术的应用,文创产业将迎来新的发展机遇。

(二)布艺文创产品发展概述

随着国家对文创产品中传统文化的持续鼓励与支持,各地纷纷建立传统文化的创新创业实践基地,各具特色的传统布艺通过文创形式重新走进了人们的生活，引起了人们的关注。独特的文化价值结合时尚化、潮流化、年轻化的创意设计是传统布艺融入现代生活的关键一环，也是布艺传承与发展的根基。其中具有现代感及科技感的新技术、新材料的出现，为传统布艺的创新提供了良好的载体，如经过特殊处理的纤维布料是目前应用广泛的布面鼠标垫材料之一，其材质是经过特殊处理的纤维布料结构，可以提供良好的表面质量和防尘性能，通过改变面料阻力，提升操作的灵活性和精确性。近年来兴起的国潮文化得到年轻人的青睐，使一部分年轻人通过自媒体平台对中华传统手工布艺进行创新性传播。互联网及年轻人的加入，一方面，使中国传统文化重新焕发活力并得到传承和发展。在设计中布艺产品增加了消费者的体验环节，除了传统的视觉体验、触觉体验、声音体验、嗅觉体验和情感体验外，强调消费者的互动体验。如通过给消费者提供材料包，让消费者自己动手制作布艺等方式使消费者对产品进行深度体验，实现情感共鸣。另一方面，世界各国先进的设计理念及多样化的产品风格开阔了国人的视野，使传统布艺融合世界元素进行创造性转化，推动传统布艺文化更好地走向世界。随着传统布艺形成的文创产业内容的不断丰富，各地搭建平台形成一套包括阐释、传播、展示、品牌塑造等在内的完整链条，提升传统布艺文创整体形象。传统布艺在新时代正在用一种新的文化创意艺术形式焕发新的生命力。

三、布艺文创产品的基本特征

布艺文创产品因其独特的精神价值，具有普通产品特征的同时，有其自身的产品特征。

（一）文化性与地域性特征

布艺文创产品首先体现的是文化性，其是地域的文化标签，通过产品传达地域文化、民族传统、时代特色等内容。布艺文创中蕴含的人文历史、传统习俗、价值观等使产品具有深厚的文化底蕴和独特的地域特色，满足了消费者在精神层面的追求，能给消费者带来情感溢价，从而促进消费者进行文化消费。

（二）艺术性与创新性特征

布艺文创产品通过传统手法对材质工艺、造型色彩等外观形态进行艺术创新，赋予产品独特的形态，从不同角度体现产品的艺术审美价值，使其符合消费者的精神需求。同时，在数字化和智能化时代，个性化、互动性和沉浸式体验成为布艺文创产品的重要特征，技术创新使布艺文创产品具有更强的市场竞争力，并创造出具有前瞻性和未来感的产品，从而满足消费者的个性化需求。

（三）工艺性与功能性特征

在手工工艺逐渐被机器替代的时代，蕴含文化属性的手工工艺在现代布艺文创中显得尤为珍贵。手工刺绣、钉珠、锁边等工艺体现产品温度及独特个性的同时，展现了中国传统手工文化的精神内涵，突出了地域特色。由于其耗费大量时间与精力，形成了独一无二的产品，因此价格较高。功能性是布艺文创产品的另一大特征，布艺文创产品的耐用性和使用时的舒适性是吸引消费者购买的重要因素。如丝巾、包袋、帽子等布艺文创产品注重产品的材料、触感、工艺等质量方面的问题，保证产品的实用性和持久性，为消费者提供良好的使用体验。

四、布艺文创产品的价值

布艺文创产品的价值不仅体现在经济层面，包含产品形式产生的价值及产品文化内容赋予的高附加值，即满足消费者物质需求的同时，满足人们的情感需求、文化认同和精神追求。因此，文创产品价值包括文化价值、经济价值和精神价值等内容。

（一）文化价值

随着社会的进步、物质的丰富，人们对产品功能的需求逐渐被情感体验的需求取代，产品所蕴含的文化价值得到了体现。布艺文创产品往往以传统文化为基础，通过创意加工和设计，将传统文化融入产品中，能够让人们对传统文化有更深入了解和认识的同时，实现文化的传承与传播。

（二）经济价值

随着文创产业的兴起，布艺文创产品成为经济增长的重要支撑，是经济转型升级的重要动力和国家软实力竞争的重要手段。它们通过设计、生产、销售将文化转化成生产力，直接促进了经济的增长，创造了就业机会，还带动了相关产业的发展。受欢迎的布艺文创产品会引发一系列的周边产品的开发和销售，从而形成完整的产业链。同时，布艺文创产品还可以成为旅游业的重要推动力，许多城市都将布艺文创产品作为吸引游客的重要手段，通过打造独特的文创产品带动当地经济的发展。

（三）精神价值

文创产品的精神价值是伴随文化价值体现出来的，通过产品的文化元素、使用方式等唤起人们的记忆，随着对文化的认知与感受，引起人们的情感共鸣，给人们带来愉悦和满足感。

第二节　地域布艺文创产品

一、地域文化特征

"地域"最早源自《周礼·地官·大司徒》中的"凡造都鄙，制其地域，而封沟之。"根据《汉语大辞典》，主要指土地、地区的范围，也特指乡土概念。"文化"最早源自《易经》中的"刚柔交错，天文也；文明以止，人文也。观乎天文，以察时变，观乎人文，以化成天下。"地域文化属于文化研究的范畴，作为意识形态的文化，是一定社会的政治和经济的反映，同时反过来作用于一定社会的政治和经济。在时间推移下，地域文化在特定区域内形成具有一定历史价值和社会影响力的、有代表性和独特性的地方性文化传统，是特定区域的地理生态、民俗民风、传统习俗、生活习惯等的文化表现。地域文化不仅包括区域内的非物质文化遗产，还包括区域内的自然资源、产业资源和社会资源等。地域文化的形成是一个长期的过程，是历史沉淀的产物，包含着这一地区的人文精神与物质财富，极具地方特色。不同特色的地域文化，不仅是中华文化多样性的组成部分，还是中华民族的珍贵宝藏，是当地经济发展的重要组成部分。在多元化的世界里，地域文化已经成为增强地域经济竞争能力，推动社会快速发展的重要力量。地域文化的具体特征可以归纳为独特性、识别性、持续性和动态性。

（一）地域文化的独特性

美国人类学家克利福德·格尔茨在《文化的解释》中提到，文化是一张由人编织的"意义之网"，人生活在自己编织的"意义之网"中。"意义之网"具有特殊的时空属性，属于"地方性知识"。即地域文化以某一特定"地域"为载体，在一定的地域环境中，文化与环境相互交融演变成一种独特的文化。地域文化的形成是一个长时间积累的过程，在这一过程中又不断地发展、变化和传承，如华夏五千年文明。很多有特点的文化传统经历了时间的洗礼传承至今，具有相对的稳定性，表现出本土的生态、习俗、文化等，与环境相互依托、相互融合。不同的地域决定了其生活方式、生产条件及地域文化内容等方面的差异，反之，地域文化内容、生活生产方式等也受到了地域的影响，形成了独特的文化结构，这种独特性使其一出现就被打上了地域的印记。

（二）地域文化的识别性

地域性是传统文化的代表，不同的地域在世界范围内具有其有别于其他地域的特点，是吸引外来人口关注的关键。在我国辽阔的地域内，不同地域，其风俗、习惯、环境状况及经济情况都有区别。这些有独特风格和特点的地域文化，具备良好的可识别性。适应城市发展的地域文化，是能够被人们迅速识别的文化形态，如江南地域的温文尔雅、北方地域的气势磅礴等。

（三）地域文化的持续性

在长期的历史变迁与发展过程中形成的地域文化，具有自我延续的特征。生活方式、民风民俗等地域文化的传承和发展形成了独特的区域文化，在缓慢的发展过程中，地域文化不断受到新文化和外来文化的影响和冲击，在保持地域文化精髓的基础上，形成新的文化，同时传统文化影响与制约着新文化，使其在传统文化基础上推动地域文化的发展，从而实现了地域文化的持续性。

（四）地域文化的动态性

人类社会的发展变化引起了地域文化的变化，随着外来文化的冲击和地理环境的变化，不同区域的地域文化不断地进行交融与渗透，近年来，随着国家的交通、通信等领域的发展，不同区域文化交流越来越多，让截然不同的地域文化有了许多互通互融的机会，为地域文化发展提供了新思路。同时在全球化语境下，外来文化传播包括西方科技、艺术、生活方式等传播与影响，促进了地域文化动态发展。同时，地域文化自身处于不断进步与发展中，将时代的发展与进步融入地域文化中，使文化内容糅合了现代元素，地域文化展现出动态性。

二、地域布艺文创产品现状

地域布艺文创产品指依托于该地域的文化特色开发的布艺文创产品，包含特定区域独特的地理风貌、生活方式、习惯习俗和传统文化等元素，是地域文化体现在产品中的方式，同时通过地域布艺文创产品形式呈现出当地的生产生活、传统习俗、地理风貌等内容。简单地说，地域布艺文创产品就是具有地域文化特性的布艺文创产品，其地域文化特征明显，具有较强的识别性。近年来随着文化创意产业迅速发展，市场上出现了越来越多与地域文化元素结合的文创产品，通过地域文创产品的传播，使人们能体验不同的文化及生活方式。然而，目前地域布艺文创产品存在许多问题，如缺乏文化认同及情感共鸣、产品附加值较低等。

（一）泛地域化下的布艺文创产品缺乏文化认同

目前，全国各地都在深挖地域文化，打造具有地域特色、强调地域属性和文化价值的文创产品。但很多文创产品对地域文化内涵的挖掘深度不够，自主开发出来的文创产品主题单一、同质化严重，地域文化差异性不明显。地域文化的优势就是具有差异性，使消费者在感受不同文化的精神内涵后能够对地域文化产生情感共鸣。目前许多产品设计师缺少将地域文化从抽象概念转化成具象造型和图案的能力，未能将地域文化根植于文创产品中，很多时候只是对地域文化的生搬硬套，使文创产品失去了作为地域文化载体的作用，使消费者无法产生情感上的共鸣。

（二）文化功能性的缺失导致产品附加值降低

文创产品的价值取决于消费者对产品文化功能的认可，这种文化功能通常表现为文创产品的实用价值和情感价值。文创产品的实用功能与日常消费品相比有一定差距，如果在情感价值上不能增强文创产品的文化性，那么文创产品很容易被市场淘汰。目前市场对布艺文创产品的文化性仍不够重视，特别是在布艺文创产品文化内涵和产品实用价值的结合上。这就要求布艺文创产品在地域文化的基础上将文化性与实用价值巧妙结合，增加产品的附加价值。

三、地域布艺文创产品分类

（一）外观视觉类

优秀的地域布艺文创产品不仅仅体现文化，更是具有视觉冲击力的创意性产品。外观视觉类地域布艺文创产品主要表现在视觉层面，在产品的造型、图案、色彩、材质、肌理等方面融入地域文化中具有代表性的元素，形成具有地方特色的视觉要素，这些要素在展现地域文化特征的同时，也对产品的外观视觉起到装饰作用，强烈的视觉效果使消费者对产品产生深刻的印象。

（二）行为体验类

行为体验是消费者在地域布艺文创产品使用过程中通过自身行为形成的体验。行为体验的途径有参与创意、制作及使用操作等，是指产品的功能、结构、使用方式与地域文化相结合，通过引导消费者参与产品使用的同时，体验产品背后蕴含的地域文化技艺、风俗习惯等，促使产品与消费者产生对话，从而在使用过程中不仅和产品产生交互获得对地域文化的认知，同时带给消费者强烈的体验价值感。

（三）情感体验类

情感体验指的是地域布艺文创产品引发消费者的情感共鸣，让消费者感到愉悦与满足，而产品中的文化内容是引起消费者情感共鸣的重要元素。对传统文化元素的研究是设计师进行产品设计的前提条件，深挖传统文化，并运用创新设计方式将文化融入产品中，使消费者产生深层次的体验感受。消费者通过对产品的应用，从视觉上感受产品的形态特点到情感上体验产品的文化情景，能够根据个人经验与认知对产品的意义产生联想与思考，激发自身相关的情感共鸣与审美体验，从而感知设计中的文化意象，引发消费者的情感与精神层面的认同。

第三章 地域布艺文创产品设计分析

第一节　地域中的文化与设计

设计是人类进行有目的、有计划的实践创意活动，从某种意义上来说，设计是一种创造生活的方式与手段，也就是创造了一种文化。文化是设计的核心，丰富的地域文化内容为文创产品设计提供了取之不竭的素材，不同的地域文化元素可以激发各种设计灵感，对设计具有重要的指导作用，是体现产品价值的重要内容。

一、文化的概念

"文化"一词出自《易经》："刚柔交错，天文也；文明以止，人文也。观乎天文，以察时变，观乎人文，以化成天下。"广义指人类在社会实践过程中获得的物质、精神的生产能力和创造的物质、精神财富的总和。狭义指社会的意识形态，以及与之相适应的制度和组织机构，也包括人们普遍的社会习惯，如衣食住行、风俗习惯、生活方式、行为规范等。总的来说，文化是相对于经济、政治而言的人类全部精神活动及其产物，具有多样性和复杂性、包容性等特点。

二、地域文化的结构

关于地域文化的结构有不同的层次说法，包括二分说、三层次说、四层次说及六大子系统说。二分说是指物质文化与精神文化，三层次说指物质、制度、精神，四层次说指物质、制度、风俗习惯、思想与价值，六大子系统说指物质、社会关系、精神、艺术、语言符号、风俗习惯。这里就四层次说即物质、制度、风俗习惯、思想与价值进行具体说明。

物质文化层是人类物质生产活动及其产品的总和，包括生活方式、技术水平、经济形态、交通通信、艺术与娱乐等方面的内容。生活方式包括不同区域的建筑、饮食、服饰等方面。技术水平指不同时期的人们使用的工具、技术等。经济形态指不同社会制度和经济模式下的生产工具、生产关系、分配方式等。交通通信指不同时期的人们使用的交通工具和通信设备等。艺术与娱乐指不同文化背景下的绘画、音乐、舞蹈等艺术形式，电影、音乐会、体育比赛等娱乐方式。

制度文化层是由人类在社会实践中制定的各种行为规范、准则及各种组织形式构成的文化，是一种处理社会关系的文化产物，具体包括政治、经济、文化、教育、法律、家族、婚姻、军事等制度。

行为文化层是由人类在社会实践中，尤其是在人际交往中约定俗成的习惯性定式的风俗构成的文化层。它以民风民俗形态出现，见之于日常起居动作，是具有鲜明的民族、地域特色的行为规范。

心态文化层也称为精神文化，是文化的核心部分，由人类在社会实践和意识活动中长期氤氲化育出来的价值观念、审美情趣、思维方式、道德情操、宗教信仰等构成的文化层。心态文化又可分为社会心理和社会意识形态。社会心理是尚未经过理论加工和艺术升华的流行的大众心态，如人们的要求、愿望、情绪、风尚等精神状态和道德风貌；社会意识形态是经过系统加工的社会意识，是对社会心理进行理论或艺术的处理，曲折、深刻地反映社会存在，并以物化形态如书籍、绘画等固定下来，播扬世界。后者又可分为基层意识形态（政治理论、法律观念）和高层意识形态（科学、哲学、宗教、艺术）。

三、地域的文化空间

文化空间是联合国教科文组织在保护非物质文化遗产时使用的一个专有名词，也称为文化场所，包含三方面内容。一是指按照民间传统习惯，在固定的时间内举行各种民俗文化活动及仪式的特定场所，如绍兴大禹陵就是一个典型的文化空间，每年的大禹公祭祀的议程包括肃立雅静、奏乐、击鼓撞钟、敬献花篮、恭读祭文、行礼、献祭舞、诵唱《大禹纪念歌》、礼成仪式都在这里举行。二是泛指具体自然环境与人文环境，这个环境就是文化空间。如对绍兴兰亭的书法而言，进行曲水流觞的场所——兰亭就是一个特定的文化空间。三是在一般文化遗产研究中，文化空间还作为一种表述遗产传承空间的特殊概念，可以用于任何一种遗产类型所处规定空间范围、结构、环境、变迁、保护等方面，因而具有更为广泛的学术内涵。

四、地域文化与设计的关系

（一）地域文化是设计的源泉

设计是地域文化的具体体现，不仅展现了地域文化的外在特征，如造型、材料、色彩和功能等，还体现了文化的内在精神，如风格风貌、价值观等。设计的核心是"以人为本"，设计的目的是让人们拥有更好的生活，不同民族、不同地域的人们由于生活方式的不同构建了各自独特的文化及对文化的不同认识，形成了各地域人们对产品的功能及情感价值方面的不同需求，以人为核心的设计需要设计师在理解地域文化的基础上对人们生活方式及需求进行深入了解与分析，分析人们的真实心理，将地域文化融合在设计中，创作出既符合现代审美又具有文化特色的产品，通过产品满足人们对于地域文化的认识与理解。例如，在文创产品的设计中，根据产品形式将设计师的理念与地域文化元素融合，使产品具有独特的文化内涵。可以说，文化是设计的灵魂，它不仅影响设计的各个层次和结构，还创造了新的生活方式。

（二）设计对地域文化的作用

1. 地域文化的融合

设计是一种视觉语言，通过视觉形式传达信息。而地域文化则是人类活动的集合体，包括语言、信仰、习俗、艺术等多个方面。设计与地域文化两者相辅相成，地域文化融于设计，设计体现地域文化，设计依赖于地域文化背景，反映出一定的时代特征，同时设计可以通过吸收和融合不同的地域文化元素，赋予设计作品更多的地域文化内涵和价值。设计作为结果，影响或创造了地域文化，从而成为地域文化的一部分，设计也可以为地域文化的传承和推广提供支持和帮助。设计师需要了解不同地域文化的特点和特征，在设计中将地域文化元素和现代元素进行融合，创造出独特的设计语言和风格。

2. 地域新文化的形成

设计师是地域新文化的创造者。设计植根于文化，又塑造和丰富着文化，设计能够给人的生活方式带来一种全新的变革或是观念上的转变，构建出人类生存新方式及新价值观。设计的发展过程，实际上是一个设计更新文化的过程，为满足人及社会不断提出的新需求进行搜寻、分析、理解、操作、检验、反馈与再更新。漫长的人类文明过程可以证明，不断的设计创造推动了人类的文明进步。社会文化是设计巨大的资源库，而设计的不断创新又丰富了社会文化资源，文化和设计之间不断互相认识和改进，使社会得到进步。设计产品不仅是一件产品，更形成新的地域文化内容，这样的物化形式，是一种新的生活方式，体现一种新的文化。

3.地域文化的传播

设计是地域文化的载体，也是传播地域文化的一种方式。设计的行为受文化约束，同时设计的结果又能反映地域文化并体现独特的地域文化特征。设计通过对社会文化背景及消费者的消费理念、行为方式等的分析，将文化信息融合在产品中，经过设计的传达其可以被更多的消费者认识和了解，使地域文化得以传播。同时，设计本身也是一种文化，它通过不断与新时代结合将传统文化以新的形式展现，赋予文化时代性的意义，实现了对于传统文化的继承与传播。

第二节　地域布艺文创产品设计方式

地域布艺文创产品指以布为载体的依托于某一区域的特定文化或特色产业开发的文化创意产品。其设计的实质和内核与文创产品发展一致，两者属于包含关系。简单来说，地域布艺文创产品就是具有地域性的布质材料的文创产品，如棉、麻、丝、毛、化纤及混纺纤维等，材料的特性与肌理决定了产品的类型及制作方法。随着科技的发展，纺织新材料通过各种加工处理被赋予新的功能，产生新的艺术效果，地域布艺文创产品的载体得到了拓展，材质的创新符合时代的发展，满足了当代人们的审美需求及对产品使用功能的新要求。地域布艺文创产品以地域文化资源为主要元素，通过创造性思维将文化资源转化为设计元素，结合现代生产工艺和发展模式等，制造出满足人们精神和审美需求的新产品。分析地域布艺文创产品的设计角度及方式，能够更好地通过设计理解产品中的文化内涵，从而构建起地域布艺文创产品设计的方法，进而开展产品设计。

根据研究范围和文创产品的设计开发方法，地域布艺文创产品的设计方式可以分为以下两类：一是将文化资源的故事直接体现在布艺文创产品里；二是提取文化资源的故事题材进行情节的再设置及表达。

一、内容的直接体现

指依托现代工艺，对原有文化资源进行梳理，发现其文化中的故事内容，对故事内容进行直接叙述，以体现其文化的真实性，并将其转移运用在不同的布艺载体上，如服装服饰及其配件、家居纺织品、布艺玩具等。选择恰当的工艺如数码打印、刺绣等方式表现内容，完成产品的创新设计。此类设计产品一般具有一定的实用功能，其中的文化内容能直接被消费者所注意到，使之产生消费行为。

二、内容的再创造

对地域文化内涵进行分析，提炼归纳出最具代表性的地域文化元素，通过对原有的文化故事的挖掘，在原有文化的基础上进行创新性的设计与表达，从而实现文化在产品中的再创造。这种方式不但使消费者对传统文化有了更多的认识与体验，而且在设计中融入了现代元素，使产品更加符合市场的发展规律和消费者的审美。在满足了消费者的物质需求的同时，强调了精神需求，使产品更具有吸引力。

第三节　地域布艺文创产品设计属性

台湾学者林容泰将在设计过程中需要考虑的因素称为文创产品的设计属性。结合文化空间及文化内容层次，可以将布艺文创产品设计属性分为感官体验、交互行为和情感共鸣三个方面。第一方面感官体验，属于文化空间里外在的层次，是对文化中有形的物质形态进行分析。对于形态而言，不同形态的产品给人们所带来的体验是不同的，所有感官的体验需要借助产品的色彩、材质、造型、图案、细节、组织构成等进行。第二方面交互行为，属于文化空间的中间层次，分析文化层次中的使用行为、仪式习俗等。文创产品中的交互行为大致分为功能交互和意识交互两类。功能交互指使用者单纯的使用行为，以文创产品的性能、工艺、材质方面为重点，以产品是否能满足使用需求来衡量产品是否有用，强调产品的使用性、功能性、安全性、结构性、可操作性等。意识交互则是指在使用文创产品的过程中，使用者的情绪反应、精神需求等多方面因素的一种综合状态。第三方面情感共鸣，属于文化空间的内在层次，和物态有形相对的是无形的意识形态的精神文化，将产品融入特定的情景和场景中，使用户和产品建立情感连接，发生情感共鸣，使产品中包含故事性、特殊含义、文化特质等。

第四节　地域布艺文创产品设计层次

布艺文创产品设计的题材来源于文化内容，因此设计内容建立在文化内容层次的基础上。文化层次的物质、制度、行为、心态构成了布艺文创产品的受众从物质到精神的渐进式体验，满足了产品对于功能及文化的需求，促成消费行为的发生，用户体验逐渐成为产品的核心竞争力。用户体验的概念最早是由设计师唐纳德·诺曼（Donald Norman）在20世纪90年代中期提出的，它被定义为"一个良好的产品能同时增强心灵和思想的感受，使用户拥有愉悦的感觉去欣赏、使用和拥有它"，也就是指用户在使用产品的过程中所产生的一系列行为引起的生理和心理等多个方面的感受。1999年，著名学者伯德·施密特（Bernd Schmitt）博士在《体验式营销》一书中，将体验分为感觉（sense）、情感（feel）、思考（think）、行为（act）、联想（relate）五个方面。以用户为中心，通过对事件和情景的安排和特定的体验过程设计，让用户沉浸在产品体验中，形成用户与产品之间双向的互动与沟通，从而建立良好的情感体验与文化共鸣，形成对文化的认同感和归属感，获得物质的同时享受精神上的满足。结合文创产品的设计属性从用户体验的角度进行分析，文创产品设计内容可分为物质体验、情境体验和意境体验三个层次。物质体验层是直观体验，也即本能层，主要体现在生理上的直接对设计文化内涵的感知，是指消费者通过视觉、听觉、嗅觉和触觉等多感官产生的独特的感受。情境体验层是指行为文化内容的体验，是指文创产品的性能及结构在使用的过程中产生的行为活动对消费者产生心理暗示，激发消费者的情感感知并使其感受产品的文化情境及内涵。意境体验层也即反思层，作为一种高级的思维活动，是在本能层和行为层的相互作用下，用户表现出的更加深入的思考与评估，属于一种意识形态的体验，通过对产品的领悟、想象等感性思维活动获得心理满足及精神的提升。用户体验三个层次之间具有循序渐进的相互作用，除基础的物质价值之外，还会升华成具有象征性的精神价值，能够启发设计思维，促成设计师、产品、受众三位一体的情感互动。

第四章 地域布艺文创产品设计原则及设计过程

第一节　地域布艺文创产品设计原则

　　地域布艺文创产品是以布作为材料的地域性文创产品，具有文创产品共性的同时又有其自身的产品特征。地域布艺文创产品的创意设计强调文化传承、创造性、功能性、故事性、可持续性等原则，产品在满足使用功能的同时具有鲜明的精神特质。

　　随着体验经济时代的来临，更多的消费者开始注重精神层面的需求，在布艺产品中蕴含的地域文化内涵提升了产品的价值和意义，满足了消费者精神需求的同时使地域文化得以传承。文化传承原则强调在理解传统文化的文化特征、内涵的基础上，研究传统文化的历史、习俗内容、艺术风格、价值观等内容，从中提炼出具有代表性的元素和符号，然后将其转化成现代消费者喜欢和接受的形式融入布艺文创产品设计中，使产品具有深厚的文化底蕴和独特的地域特色，引发消费者的文化共鸣。

　　创造性原则需要突破传统的思维方式，结合最新的科技和设计理念，尝试新材料、新工艺，塑造产品独特的外观形态和结构，满足消费者的个性化需要。布艺文创的创新性体现在文化融合时代的基础上进行产品的造型、色彩、纹样及工艺等方面的设计创新转化，超越消费者对产品的习惯性记忆，满足消费者对产品求异的心理需求。

　　布艺文创产品中的审美元素是消费者使用产品的重要因素，无论是外在形态美还是内在故事中形成的独具特色的形式美都是产品具有艺术性的表达方式，是激起消费者购买欲望的重要原因。布艺文创产品的工艺性特征比较明显，在现代数字及机械工艺时期，制作精细并极具人文情怀的传统手工工艺展示了独特的魅力，如手工刺绣、手工钉珠等，这些富含文化韵味的传统手工工艺在技艺方面凸显了民族地域文化特色。

功能性原则是布艺文创产品的突出特征之一，许多产品的首要条件是满足消费者的日常需求。文创产品强调文化和创新性的同时，需要从用户的需求出发，注重产品的功能和使用体验，确保产品能够满足用户的生活需求和使用习惯，为用户营造精神愉悦和提供便利性。如丝巾、包、帽等服饰类布艺和抱枕、靠垫等家居类布艺，这类产品最终的目的是具有较强的使用价值，在材料的选择、造型的设计过程中都要强调消费者的使用体验、满足消费者的实用需求。

可持续性原则需要考虑环保性和持续发展性。选择环保材料和制作工艺，减少对环境的污染和资源的消耗，并且注重产品的耐用性、可回收和再利用。此外，可以通过优化产品的设计，降低产品的能源消耗和碳排放。

第二节　地域布艺文创产品设计过程

在地域布艺文创产品设计的流程和实现方法的研究中，IDEO（大卫·凯利设计公司）首席执行官蒂姆·布朗（Tim Brown）提出产品设计包含灵感（inspiration）、构思（ideation）、实施（implementation）三个阶段。在设计思维层面，斯坦福设计学院在设计项目中开发了EDIPT模型五步法，为产品设计提供了基本的流程，即同理心（empathize）、需求（define）、创想（ideate）、原型（prototype）、测试（test）。阶段一同理心，要求设计师能够站在消费者角度进行换位思考，以此保证产品符合消费者的需求。该阶段常用的方法为调研、访谈、观察等，以深入了解消费者的信息。阶段二需求，在整理信息的基础上，精确用户的需求、预期设计效果，并使需求具有可操作性。阶段三创想，针对用户需求进行头脑风暴，聚焦设计方向，明确设计主题，寻找解决设计问题的关键，运用发散性思维从不同维度提出多种方案，根据消费者核心诉求确定最佳方案。阶段四原型，根据方案用最直接简单的方式制作出产品模型，以便进一步修整和完善。阶段五测试，对最终的产品进行预测并评估，检验其是否满足消费者的需求。在每一阶段进行的过程中，或许会发现更好的方式方法，内容可能会被推翻重置。

在地域布艺文创产品设计过程中，结合消费者需求、文化层次属性、设计方法特征、产品含义等内容，将布艺文创产品设计分为调研分析、设定目标、研究分析和产品设计四个阶段。前期调研分析包括产品设计现状的调研及讨论、预测产品未来的发展趋势，根据调研结果确定目标消费者，同时分析消费者的需求及产品应用场景，确定设计主题。在主题的引领下展开主题文化的研究，选择具体文化方向并建立文化与产品之间的联系，提取相关设计元素。产品设计阶段进一步完善设计理念，提出设计方案，完成产品设计。各阶段所要完成的任务和主要目标如图4-1所示。

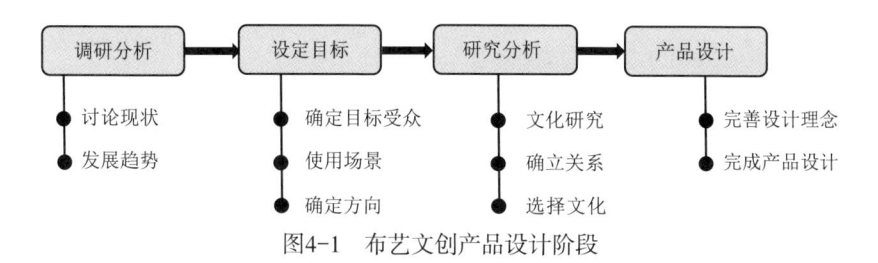

```
调研分析 → 设定目标 → 研究分析 → 产品设计
  •讨论现状    •确定目标受众   •文化研究    •完善设计理念
  •发展趋势    •使用场景      •确立关系    •完成产品设计
              •确定方向      •选择文化
```

图4-1　布艺文创产品设计阶段

综合参考以上产品设计过程，根据实际经验总结，提出系统化的创意设计流程，并在流程中引入叙事学与叙事设计思维，即将布艺文创产品设计分为地域文化研究、叙事主题确定、叙事故事构想、叙事情节设置和叙事设计表达五个步骤，以此丰富设计思维方式，使设计在强调创新的同时具有更强的文化性、趣味性。

第五章 叙事学与叙事设计思维

第一节　叙事学概论

一、叙事学的概念

"叙事"一词最早见于柏拉图的《理想国》，其中提出了对叙事进行的模仿（mimesis）/叙事（diegesis）的著名二分说。20世纪60年代，叙事学被明确定义为："研究所有形式叙事中的共同叙事特征和个体差异特征，旨在描述控制叙事（及叙事过程）中与叙事相关的规则系统的学科"。简单来说，叙事即叙述故事，包含叙述方式及叙述内容。狭义上是指通过语言文字将已知或未知的事件呈现在人们面前。广义上则不仅仅是以语言文字为载体，还可以通过绘画、影视、设计产品、建筑空间等一切能够传达出思想、观念及情感的载体来再现某个特定时间下的"故事"，蕴含着叙述者们的思想、想象力与创造力。当今我们生活中媒体信息，比如广告、新闻、电影、微博，还有近来红火的短视频、直播等，都是一次次的叙事。

二、叙事学的发展

叙事学的产生是受20世纪20年代的俄国形式主义及弗拉基米尔·普洛普（Vladimir Propp）所开创的结构主义的双重影响。结构主义文学理论家托多罗夫（Todorov）在1969年发表的《〈十日谈〉语法》中写道，"……这部著作属于一门尚未存在的科学，我们暂且将这门科学取名为叙事学，即关于叙事作品的科学"，由此提出"叙事学"。叙事学在发展过程中经历了经典叙事学和后经典叙事学即新叙事学两个阶段。

（一）经典叙事学

俄国形式主义者什克洛夫斯基（Shklovsky）、艾亨鲍姆（Eikhenbaum）等提出"故事"和"情节"的概念来指代叙事作品的素材内容和表达形式，为之后经典叙事学研究所聚焦的故事与话语两个层面提供了依据。来自普洛普的《故事形态学》是叙事学的第一部作品，打破了传统民间故事的分类方法，提出了故事中的基本单位是人物在故事中的"功能"的观点。到了20世纪60年代，通过翻译介绍俄国形式主义，罗兰·巴特（Roland Barthes）发表了著名的《叙事作品结构分析导论》，提出将叙事作品分为功能层、行为层、叙述层三个层次。叙事学领域专家杰拉德·普林思（Gerald Prince）系统地梳理研究了叙事话语和结构，并提出了"受述者"在叙事过程中的重要性。由此，叙事学在文学领域中由神话和民间故事等初级叙事形态的研究走向了现代文学叙事形态的研究，由"故事"层（表达对象）深层结构的探索发展为对"话语"层（表达形式）叙事结构的分析。"故事"层主要研究作品本身的事件内容和人物之间的结构，更多的是研究表达作品的方式及"受述者"的体验。然而经典叙事学对叙事作品的研究局限在对叙事文本的内部结构过于关注，忽视了与外部的关联与互相的影响。

（二）新叙事学

20世纪80年代中后期兴起的新叙事学，也称为"后经典叙事学"，探讨最基本的研究理论并引进新的批判视角和其他学科理论。将经典叙事学的模式置于新的语境之下，使叙事分析出现在更多研究领域里，如语用学、女性主义、意识形态、社会科学及认知论等领域。通过注重跨学科研究，在吸取不同的理论概念来扩展研究范畴的同时为叙事学补充了新的研究思路。新叙事学强调了作品内容与环境的整体性,提供了多视角的研究思维,为其进入设计领域奠定了理论基础。

三、叙事构成要素

(一) 叙述者与受述者

叙述者与受述者之间是一种互相交流的关系,叙事的本质是信息的转达,是叙述者和受述者沟通的桥梁。叙述者作为叙事学中最核心的概念之一,是指叙事文本中的"陈述行为主体",或称为"声音或讲话者"。受述者是与叙述者相对应的概念,是叙述者的交流对象,文本里的听众。叙事交流包含两个方面的内容,一是受述者本身有明确的叙事符号,是叙述者特定的交流对象;二是受述者没有在叙事内容中具体存在,是由叙述者传达的,人们通过叙述者的话语感受其交流对象的存在。在交流过程中,叙述者与受述者对叙事文本的认知与理解基本相同或相似。如图5-1所示,叙事交流图说明了叙事交流中的真实作者、叙事文本及真实读者三个基本要素及其关系和作者和读者在叙事文本中的存在模式。

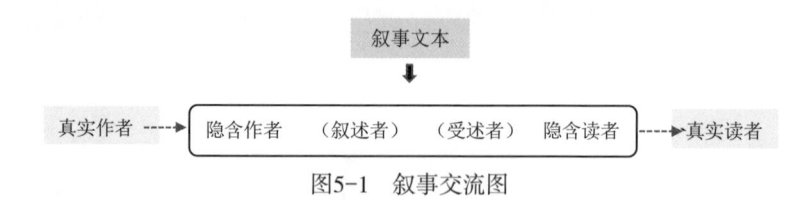

```
                    叙事文本
                       ↓
真实作者 ----→ 隐含作者  (叙述者)  (受述者)  隐含读者 ----→ 真实读者
```

图5-1 叙事交流图

(二) 叙事视角

叙事视角是指叙述者、作者或作品中的人物在叙述事件过程中所处于的位置或状态,也就是说叙述者、作者或作品中的人物观察事件的角度。根据对叙事中的视野的限制程度,视角分为三大类型:非聚焦型、内聚焦型和外聚焦型。非聚焦型又称为零度聚焦型,可以从所有的角度观察被叙述的故事，也可称为"上帝的视角"。内聚焦型是按照单一或者几个人物的感受和意识视角进行叙述，具有鲜明的性格特色。外聚焦型是指叙述者处于与故事保持距离的观察角度，从外部呈现事件，只提供人物的行动、外表及客观环境，不提供人物内心活动。如图5-2所示，托多罗夫用三个公式全面阐述了这三大聚焦模式。

非聚焦 —— 叙述者 > 人物

内聚焦 —— 叙述者 = 人物

外聚焦 —— 叙述者 < 人物

图5-2 聚焦模式

（三）叙事时间

叙事时间主要以时序、时距和频率三种形式呈现在叙事作品中。时序是指故事中的事件发生的编年时间顺序和这些事件在叙事中的时间顺序之间的关系。时序有逆时序和非时序之分，逆时序表现为多种变形的线型时间运动，可以有一个较为完整的时间顺序；非时序指故事时间处于中断或凝固状态，是一种非线型运动，这类作品中没有完整的时间。时距，即故事长度与文本长度之间的时间关系。频率指文本中的叙述语言和故事内容之间的重复关系，即同一类事件在故事中反复多次出现。叙事时间的不同呈现方式使故事的情节跌宕起伏，强化了叙述者想要表达的主题意义，使之具有鲜明的性格特点。

（四）叙事空间

叙事空间是指故事发生的场所、场景和环境。在叙事理论中，叙事空间具有重要意义，它不仅能够交代故事背景，还可以呈现人物与环境的互动关系。通过对叙事空间的深入分析，我们可以更好地理解故事情节的发展以及人物行动的逻辑。叙事空间由多种要素组成，包括空间场所、空间关系、空间图像和空间文本等，这些要素在叙事理论中扮演着不同角色，但共同构成了叙事空间的完整性和统一性。

四、设计领域的叙事学

叙事理论是从建筑景观设计开始进入设计领域的。如1998年美国的景观设计师马修·波泰格（Matthew Potteiger）和杰米·普灵顿（Jamie Purinton）在著作《景观叙事——讲故事的设计实践》中，构建了叙事理论在景观设计中的框架。随着设计领域中叙事学的实践研究发展，国外一些设计院校开设了叙事相关的课程，旨在培养学生通过叙事思维解决设计问题的能力。如耶鲁大学平面设计专业设有"叙事设计"课程，伦敦圣马丁艺术设计学院创立了名为"叙事性空间与室内设计"的硕士专业方向，将叙事设计的概念引进设计院校的课堂，拓展了设计领域的叙事思维。

20世纪80年代中期，通过介绍西方最具代表性的叙事理论作品，叙事学逐步从西方传入中国，并逐渐构建起自己的叙事学体系，在此基础上，结合我国话语形式和文学资源，逐渐形成本土化的叙事研究，丰富了叙事学理论。如1994年罗钢的《叙事学导论》、1997年杨义的《中国叙事学》等。同时在设计领域也出现了相应的研究，如台湾建筑师、学者杨裕富在《叙事设计美学——四大文明风华再现》中对叙事设计作了系统的分析论述，包括叙事设计的设计方法及其设计策略；学者龙迪勇在其《空间叙事学》中从空间维度探索叙事学，对图像叙事问题进行考察研究，提出图像叙事实质上是空间性叙事的观点。在产品设计领域中，还有很多学者通过设计实践针对产品的形态、功能、情感体验提出叙事设计策略及设计路径，为叙事思维在文创产品中的设计及应用提供了有效的理论和实践指导。

第二节　叙事设计思维

在体验经济时代，产品在满足功能的同时已经成为人们的一种生活方式的体现，这对设计提出的要求不仅仅是单纯地设计产品，而是在设计中融入具有情感体验的故事，海登·怀特（Hayden White）在《形式的内容：叙事话语与历史再现》中以叙事的方式，通过产品中不同特色文化故事的讲述进行文化的传达，将鲜明的文化特征通过产品的视觉、触觉等多方面的感受在人与产品及环境之间进行相互传递，进而产生文化体验，加强人们对文化的领悟及感受。通过叙事设计思维向用户传递生活的理念，让用户感受到产品的文化内涵，产生心理共鸣，营造情感体验。

一、叙事设计思维的概念

叙事设计思维作为以叙事学理论为基础的一种思维模式，从文学领域逐渐走向各个不同的领域。在设计领域中，叙事设计注重叙事内容的传递与用户的体验感受，从而实现情感上的共鸣与精神体验，即运用叙事学对产品进行分析、解读并重塑来探讨人、产品、环境之间的关系，以此实现人与环境、产品之间的信息交流。具体而言，设计师通过对产品的造型、色彩及用途等方面进行预先梳理设计，运用图像的叙事效果使用户了解产品，促使设计师、产品和消费者三者之间形成良好的互通性。叙事思维下的产品设计具有新的设计思维和设计视角，在传统的产品设计主要解决基本的形态及功能问题的基础上，更关注产品自身的表现形式，通过将人物、产品、环境等因素结合起来实现产品与用户的情感交流。

二、叙事性设计思维的结构

在产品叙事设计过程中，设计师通过叙述文本将某种信息或思想情感传递给消费者，作为作者的角色，设计师将设计要素通过故事的形式进行有序组织并体现在产品中，使产品的叙事性引起消费者的共鸣，实现叙述者与接受者之间的沟通与交流。叙述学的三个要素可以分别对应产品设计中的设计师、产品和消费者。其中设计师通过产品的叙事情景来触发消费者的感官经验，而消费者通过消费行为来传达对产品的理解和认同。叙事设计思维的结构就是设计师将产品设计信息故事化，而消费者接收产品信息进而对产品进行消费并传播。从符号学的角度来看，叙事设计思维的构成就是设计师对叙述文本信息进行编码，使用者对叙述文本信息进行解码（图5-3）。

图5-3 叙事设计思维构成图

三、叙事性设计思维的特征

（一）关联性特征

叙事性设计思维的关联性体现在，一是注重产品的属性与叙事主题之间的关联，即产品设计要素的表现形式通过主题的强调来体现和传达文化内涵；二是叙事设计思维连接了叙述者、叙事文本、受述者三者的关系，通过情节与情景故事的设置使受述者产生共鸣，从而引起消费者的消费欲望。

（二）动态性特征

叙事设计思维有两个动态性特征，一是叙事文本本身的情节变化，叙事文本本身的时序性特性要求设计过程中对产品信息进行重新编排组织，使产品符合消费者的认知习惯。二是由于受述者的文化背景、价值观的不同导致对叙述产品的认知不同从而影响最终产品的呈现状态。因此，设计师在运用叙事性设计思维的过程中，设计题材的选择、情节的布置及设计语言的运用等要根据消费者的不同而进行改变。

（三）感染力特征

故事与情绪是相关联的，故事情节的发展起伏影响着情绪的高涨与低落，设计师强调用户体验，在产品中呈现叙事性设计内容并将之作为设计的主要目标，使人们在产品使用过程中得到情感认知的满足，产生愉悦的情绪。因此，只有产品具有像故事一样的感染力，才能够引起人们对于以往经验的联想，同时达到情感共鸣。

（四）互动性特征

叙事设计思维的互动性是指设计师、产品和消费者之间的相互关系。设计师在产品设计过程中不仅要体现产品的功能价值，还需要体现其精神价值，使产品在理念与情感上达成互动。在叙事设计过程中，设计师需要通过叙事方式将产品传达给消费者，同时消费者对产品的叙事内容形成理解并进行思考。产品故事与消费者的情绪是密切相关的，当消费者在产品使用过程中得到情感满足时，会引起良性的共鸣。

四、叙事性设计思维的内容

叙事设计思维具有相对抽象的逻辑结构和表达词汇，主要包含的内容有叙事主题、叙事情节和设计表达三大部分。

（一）叙事主题

文创产品的叙事设计目的在于设计师通过事件的叙述使消费者对产品的形象和使用效果产生情感共鸣，达到产品与人沟通交流的目的。"事"是叙述设计的重点，也是叙事的主题方向，叙事主题的明确为叙事设计思维指明了方向与目标。叙事主题需要有明确的指向性表述，其能快速传达给消费者叙事的主要方向及内容，设计师围绕叙事主题展开相关设计素材的整理，明确产品的设计形式和文化内涵，使叙事主题和产品的载体与消费者建立内在的关联，增强消费者的情感体验。

（二）叙事情节

在叙事性产品设计中，围绕主题进行叙事情节的设置，情节的起伏被映射在设计中，设计师通过对设计元素的解读，将叙事情节融合在设计元素中并使之完整地展示故事内容，使设计的造型、色彩及构成形式呈现出一定的节奏和丰富的层次，形成统一而富有变化的产品形式。同时，叙事的情节还体现在产品的功能及产品使用中，分析主题使之分解成几个内容相互关联的故事情节，使产品设计形成完整的故事，使消费者通过使用产品感受叙事情节，从而更加清晰地感知产品的叙事主题，加深对产品文化内涵的理解。

（三）设计表达

叙事主题及叙事情节需要用设计语言进行准确表达，"表达"本身就是一种创造能力，或是一种创新能力，产品"表达"是一种无形的语言，通过使用的过程，用产品说服用户，使用户体会到设计师的用意。产品的外形、图案纹样、色彩材质、工艺等的设计需吻合故事情景，满足用户需求以保证叙事主题的明确性。

第六章 地域布艺文创产品的叙事性设计解读

第一节　叙事设计思维与地域布艺文创产品

一、叙事设计思维与地域文创产品的关联性

于产品中融入地域文化是地域文创产品设计的主要目标，在明确主题的前提下，通过分析地域文化精神内涵，梳理并提取相关设计元素，运用叙事设计语言将文化元素引入产品中，使产品具有文化意蕴，使消费者通过产品感受地域文化。具有叙事设计思维的设计师通过讲述故事的方式将产品介绍给消费者，实现人与人及产品与人之间的链接。同时，在地域文创产品中进行叙事表达时，首先需要对地域文化资源进行充分的认识及理解，才能将文化转化，根植于文化资源，通过文化表述实现文化需求。地域文创产品需要通过一定的方式进行有效传播，而叙事性设计是一种以讲故事形式为主导的设计思维，需要有一定的内容进行承载，地域文创产品中的地域文化为叙事性设计提供了文本资源。叙事设计思维和地域文创产品都是一种整体的思维方式，叙事思维中的故事主题、情节、情境及发展过程等与产品文化内涵的解构重构、元素的提取与组合紧密相关，形成合理的逻辑，引导用户的认识，满足用户的产品功能需求的同时，通过文创产品感受地域文化信息，从而实现精神上的满足。而在地域文创产品设计中引入叙事设计思维，为产品的开发拓展了设计思路，设计师从故事角度使设计更加具有趣味性及创造性，更符合现代消费者对文创产品的文化需

求及趣味需求。

二、地域文创产品设计引入叙事思维的作用

从设计层面来说，拓宽了设计思路，增加了设计趣味性及可读性。叙事思维设计强调产品内容的故事性，通常对事件进行挖掘，将文创产品当作载体，在设计元素中融入文化故事，故事情节的变化被投射到产品设计中，通过产品的结构形态及色彩等体现故事内容，为设计师拓展了设计的思路、丰富了设计元素表现，在使产品富有立体感的同时使用户不知不觉中感受设计传达的文化内涵。同时，叙事性设计通过讲故事的方式形象地展现设计的主题，使产品具有强烈的主题文化特征，个性鲜明，实现了文创产品的创新效果。

针对用户来说，使用户深化情感体验，增强文化感受。唐纳德·诺曼（Donald Norman）在《日常的设计》中曾指出，人们喜爱物品的象征意义，是源于物品展现了过往和现实的情景，充满了时间的魅力，而且这些特殊的物品，常常通过故事、记忆，或者特定的场景建立起相关的联系。用户的情感需求在文创产品设计中被不断强调，甚至比产品的使用功能得到更多的重视。叙事思维设计的引入让用户直接从产品中体会特定的文化故事，形成了用户与文创产品之间的情感交流，使用户成为叙事过程中的其中一员，提升了用户的文化体验，增强了用户对地域文化的感知与认同，对地域文化的传播和延续发挥了作用。

第二节　地域文创产品设计的叙事构成

地域文创产品的叙事设计是建立在设计师、地域文化、产品及消费者多种关系相互交流基础上的。第一部分，设计师在地域文创产品的叙事设计过程中充当了导演的角色，对叙事的发生发展进行了合理的编排，使其在地域文化产品中呈现特有的视觉效果，引起消费者的关注。设计师通过提前对地域文化的深入分析及对消费者消费行为习惯的调研，确定设计方向及主题，产品设计要求一方面能够体现地域文化特色，另一方面能够吻合消费者的物质及精神需求，对文化进行梳理编排，在设计思路中运用叙事的方式将对地域文化的理解转化到产品中，使消费者在产品中认知地域文化并产生心理连接。第二部分，地域文化内容作为被叙述的事件，是叙事的核心，也是产品设计的灵魂，从地域文化中提取的元素经过设计构思形成富有特点的故事，地域文化中的历史典故、经验记忆或者文化中的某一行为模式以及行为背后的文化内涵等都是构成故事的题材。第三部分，地域文创产品作为叙事的载体，承载着地域文化故事内容及形式，是设计师向用户传达设计理念和地域文化的桥梁。通过文创产品，不仅使消费者感受了视觉美经验及信息，同时实现了文化内涵的传递，使消费者感知设计师所想要表达的文化内容。第四部分，叙述的接受者即消费者，设计师通过叙事思维将地域文化融入产品中的最终目的是让消费者产生购买行为，实现产品的流通及文化的传播。消费者的性格特征及认知水平不同，对产品的解读方式也会不同，这种不同的正向反馈同时给下一轮的产品设计提供了更多的设计或改进的方向，拓宽了产品的设计范畴的同时使产品设计更加接近消费者的心理需求。

第三节　地域文创产品设计的叙事因素

在地域文创产品叙事设计中，产品的叙事内容主要包括具体的地域文化因素、情感因素及功能因素、形式因素。这些叙事内容及形式构成了被消费者认可的完整的由表及里的文创产品。

一、文化与情感因素

叙事性地域文创产品具有独特的文化属性与叙事思维设计路径，强调了文化在产品中的重要性，通过文化因素的融入增加产品的附加价值，满足消费者的物质与精神需求。设计师通过对地域文化资源的调研、整理、分析，确定产品的叙事主题，对地域文化元素进行重新提取组合，结合产品其他特点将文化因素用叙事形式映射到产品中。如对物质文化中的自然景观、物质资源等进行视觉元素的提取应用，对行为文化中的传统技艺、民风民俗等进行行为场景转化创新，对精神文化中的民族精神、文化信仰等进行意念联想。此外，设计师在充分分析文化因素的前提下结合对不同的消费群体的需求调研，提出满足消费者需求的地域文创产品设计方案。

随着物质的丰富，人们逐渐追求精神的丰盈。文创产品满足功能属性需求的同时，也要求精神层面的体现。地域文创产品本身具有的文化特性包含了其独特的精神价值，因此产品中的情感因素是设计师在产品叙事设计过程中需要重点考虑的一个方面。设计师分别从设计的三个层面进行不同设计特性的表达，从而得到三个不同的情感体验方式。在物质层面上，主要进行形态的表达，使消费者通过本能感官对产品产生了解，是一种比较直观的感官体验，如对产品的造型、色彩、材质进行叙述，让用户直接感受到产品的文化，然后在使用过程中对产品所涉及的文化内涵产生情感共鸣。在行为层面上，产品通过行为过程的叙事表达获得情境体验，使用户在使用的过程中感受叙述的故事，再从故事中体会地域文化。在此过程中，设计师还需对消费群体的背景资料进行分析，包括消费群的地域、性别、年龄、教育等，根据消费群体的特点对产品基于情感因素的行为表达进行设计，实现消费者对产品的情感认同。精神层面上，通过反思体验实现文化内涵的表达。设计师通过叙事的设计手法，使消费者认识产品外观与行为的同时对产品产生联想，增强了用户与产品的互动，营造了产品自身以外的另一层意境。

二、功能与形式因素

作为产品，功能与形式因素通常是最直接的设计要素，其中功能因素包括娱乐功能、审美功能和实用功能。娱乐和审美功能属于精神文化功能，实质上等同于情感因素；实用功能指地域文化与产品的使用功能相结合，使用户在使用过程中解决生活需求。任何产品对于消费者来说，最初都是通过产品的造型、色彩、图案及材质等视觉形式来判断产品满意与否，激发消费的欲望，真正产生购买意愿时还会考虑产品的使用功能。因此，文创产品叙事的内容通过叙事形式进行表达，设计师通过分析消费群和地域文化，提炼出符合叙事的设计元素，对这些元素进行创新性的形式构成，结合产品功能设计出符合消费者使用需求、感官体验和心理感受的文创产品。

第四节 地域文创产品的叙事特征

一、叙事的趣味性

随着地域文创产品市场的迅速扩大及竞争的日益激烈，如何避免产品的同质化以提高产品的竞争力成为设计师设计的重点，产品中趣味性设计的植入打开了计师设计创新的新思路。设计的趣味性主要体现在设计师运用各种创意手段和设计形式，突破常规设计概念，对文化进行趣味性转换的同时又能和产品的使用功能完美结合，带来新奇特别的视觉效果，能吸引消费者，使之产生共鸣并具有新颖的审美体验。在地域文创产品中，设计师通常通过幽默、诙谐、夸张的设计语言进行叙事，如提炼传统文化中的图形图案进行直接应用并结合趣味性的构思和寓意使产品具有历史韵味的同时体现生活情趣。图案图形的卡通化应用使产品具有童真可爱的形象特征，营造出活泼轻松的生活氛围，满足了消费者的情感需求。图案图形的符号化应用突出了文化地域的特征，使产品具有地域象征性的寓意。图案图形置换物体本身的功能，以意想不到的设计巧妙使用在另一种用途上，给人带来新鲜感与趣味性。

二、叙事的空间感

本质上，叙事作品是基于现实空间的一种设计创作产物，空间可以看作叙事所处的语言环境，任何故事的发展都需要在特定的时空内呈现，空间性也就成了叙事设计作品故事展开的一大特征。在叙事性的文创产品设计主题及题材选取中，很多形态设计灵感来源于叙事文本中的场景，场景中的人物、事物及环境的特征被转化为设计元素，叙事文本中场景的空间内容体现出的丰富生动的历史生活气息通过分解转化到文创产品内容上，又通过产品的组合使用重现了历史场景的空间性，引导消费者从空间立体上体会传统文化的魅力。

三、叙事内容的互动性

文创产品的叙事过程是由设计师对叙事文本进行故事编排，并将故事内容通过各种不同的设计形式体现在产品中，而产品最终为用户接受和解读的过程。就整个叙事过程而言，用户实际上参与了故事线的建构，因而更容易对故事中的事件和情节产生更强烈的认同感。文创产品成为设计师与消费者情感沟通的媒介，消费者通过产品的使用实现与产品的深度交流，从而认同设计师对产品的设计行为，最终形成设计师、用户与产品之间的互动行为，唤起消费者对文化的情感记忆。叙事内容的互动性主要体现在情感互动、行为互动和文化交融三个方面。

情感互动有主观和客观之分。客观的情感互动单纯是指在形式美法则指导下对产品进行设计，比如产品造型的优美性、色彩的和谐性及材质的舒适性等，是一种纯粹的客观的审美情感，在叙事设计中通常作为一种非常重要的设计标准。与客观艺术形式下的审美情感相对的，是设计师及用户的主观感受。在产品设计过程中，设计师对叙事中的"事"的理解受个人的认知和品位的影响，并从主观经验出发对文化内容进行设计元素的提取及设计表达，通过产品形成对文化的感性认识。对消费者来说，产品无疑是其和设计师之间的桥梁，产品展现文化和形象的同时体现了设计师的思想和情感，而消费者通过使用产品来认同和理解设计师表达的情感。与单纯的视觉感受相比，消费者的正向反馈行为更能提升设计师、产品与用户之间的情感互动，也更能强化产品的情感属性。

行为互动则是指设计师在设计的叙事情节中增加了消费者参与的内容，即在消费者使用产品的过程中与产品产生互动的行为，使消费者得到良好的产品体验，加深消费者对于叙事内容的理解。例如，河南博物院考古盲盒"失传的宝物"，设计师将文创产品与考古挖宝行为进行关联互动，通过模拟真实的考古体验，激发消费者对地域文物的好奇与兴趣，使消费者在感受产品的过程中了解其背后的文化故事及内涵。

文创产品的本质是文化产品，对于叙事性文创产品而言，文创叙事的基础是文化，叙事的题材也是文化。几千年来，人们的生活生产痕迹以文化的形式体现，并随着社会的进展不断对文化进行传承与创新，出现新的物质形象，文化穿插在物质的变更中延续至今，生产生活中所积累的物质形象成了巨大的资源库，包含了丰富的生产方式、生活用具及各类艺术形态。这些历史性记忆成为地域文创设计源源不断的题材来源，设计师体会和感受这些文化及文化中的历史故事，将传统文化与现代文化相融合，创造出新的文化内容，而立足于地域文化内容的文创产品仍保留着文化的本质特征。

第五节　地域布艺文创产品叙事设计实现过程

叙事性设计思维在地域性布艺文创产品设计中的应用拓展了产品设计思路，通过故事的形式将地域文化资源进行转化设计，并用产品的形式进行体现，使设计满足使用需求的同时富有趣味性与文化性。叙事思维在设计实现过程中经历了四个阶段，第一个阶段即灵感源阶段，也就是主题方向选取并确立阶段。第二个阶段即设计构思阶段，也就是地域文化故事内容的挖掘阶段。第三个阶段即叙事情节的设置阶段。第四个阶段是设计语言表达及产品呈现阶段。这四个阶段即从理论到产品设计实践阶段，从地域文化内涵到产品视觉呈现，设计思路清晰，整体的设计思路富有创造性。

一、叙事设计主题确定

叙事性设计通过产品讲述故事，具有主题性质的叙事文本和故事情节表现在产品的不同属性中，并通过产品的视觉感受和使用体验体现出来。在进行地域文创产品设计时，首先明确需要设计的地域文化类别，在此基础上确立鲜明的叙事主题，叙事主题是产品设计的核心，主题明确才能提取相对应的围绕文化内涵的设计元素，进行清晰的情节设置和设计语言表达，创造出有灵魂的产品。简洁明了的设计主题不仅直观地体现在产品的外观及功能上，同时能使消费者快速理解并感受产品的文化内涵，对叙事产品产生情感认同。在设计之前，设计师通过对地域文化类别及消费市场进行调研，以获取消费者的真实需求，明确设计方向及设计主题。

（一）地域文化内容调研

地域文化的形成是一个长期的过程，它在一定阶段内是相对稳定的但同时也是不断发展的。它蕴含着丰富的文化故事，衍生出相应的文化信息和文化符号，为文创产品设计提供了丰富的素材。对于庞杂的地域文化内容挖掘与梳理，获取具有代表性的地域文化元素作为设计的灵感来源是确定设计主题的先决条件。地域文化的划分最常见的有三种方式，即物质文化、行为文化和精神文化。不同的文化层次含有不同的文化因素。物质文化与非物质文化相对，是指为了满足人类生存和发展需要所创造的物质产品。物质层面对应的文化内容包含自然环境类（如花卉植物、山川湖泊、人物及动物等）、建筑形态类（如园林景观、历史建筑、现代建筑等）、生活物质类（如饮食器皿、服装服饰、家具工具、交通工具等），是地域文化发展的显性客观文化。行为文化指人们在日常生活中的行为方式和行为结果，是人们在社会交流、生产活动中形成的技艺、风俗等。行为层面对应的文化因素有语言文学类（如地方方言、语言文字、民间风俗、名人传记等）、表演艺术类（如音乐、戏曲、舞蹈等）、手工技艺类（如雕刻、剪纸、刺绣、绘画等）、民风民俗类（如祈福祭祀、岁时节令等）。精神文化是物质文化的内在动力，是物质文化基础上衍生出独具特色的人类共有的意识形态和文化观念，指该地域人民在社会实践中形成的文化价值理念，精神层面对应的文化包含民族精神、民族信仰、故事传说、文化信仰、精神品格等。

叙事主题的确立是建立在文化内容之上的，根据不同文化类型的特点确定鲜明的设计主题。文化内容层次分类决定着叙述主题大类分类方向，按不同的文化类别可以分为三大叙事方向，即自然景观生活物质主题类、传统技艺风俗习惯主题类、精神文化主题类，大类主题对应着地域的物质文化、行为文化及精神文化。不同的分类不仅能明确叙事主题方向并进行合理的情节设置，还能深入了解围绕主题的地域文化及其特征，为后续的设计表达提供了明确的指向。即在大类主题下可以根据文化内容的方向细分成若干小主题，使包含地域特色主题形象元素更加具体而明显，如绍兴地域物质文化下的自然景观类以桥为主题的元素提取运用，绍兴作为水乡，桥作为其自然景观类重要的元素具有浓厚的江南特色，将桥文化元素作为叙事主题，进行故事编排转化设计，使产品具有鲜明的地域标识性，再如行为文化层的民风民俗，流传至今的习俗通过节庆活动传达地域的气息与文化，这些行为作为叙事题材与元素进行设计转化，使地域文化得以传承与延续，如每年春和景明时分，绍兴人民都会举行大禹祭祖典礼，共同追念华夏之祖，弘扬大禹精神。

（二）消费市场调研

设计师在充分分析文化因素的前提下结合对不同的消费群体的需求调研，提出满足消费者需求的地域文创产品设计方案。叙事性产品设计需研究终端消费者与产品相关的信息，用于识别文创市场方向和机会，设计师从用户的角度出发，进行用户研究与调研，通过调研判断产品是否吻合消费者的感觉与期望，了解消费者的爱好与习惯以便有针对性地进行产品设计。消费市场调研的方法有问卷调查、用户访谈和对话、模拟、测试、实验等。通过对一定数量的消费者样本进行定量调研［包括对不同地域文化了解及认同方面、对文创产品的现状及反馈、对文创产品的视觉定位方面

（如风格、形象、色彩、图案等）、情绪定位方面（如能产生共鸣的信仰、心理、个性化、文化信息等）、使用定位方面（如材料、功能、尺寸大小、私密和便携性、易用性等）]，好的文创产品的设计特质能迅速吸引消费者的注意，具有强烈的视觉识别和冲击力，具有原创性并符合审美趋势，能唤起消费者的情绪、感觉、价值观、群体特性和心理状态。风格与内涵、设计灵魂具有一致性，拥有自己的价值主张，向目标消费者明确表达信息。一份可靠的调查可以了解目标消费者的愿望、信仰及消费行为，是地域文创产品设计的基础。

（三）叙事主题的确定

叙事设计的关键是事件，针对地域文化，设计中的事件决定了设计主题，反之主题的选择和确立为产品的叙事设计指明了事件的方向，鲜明的主题是对地域文化进行恰如其分的解读，消费者在使用产品过程中，通过对文创产品所包含事件的深入认识，对事件中所蕴含的文化内容产生情感共鸣，主题下的事件具有相应的信息，如发生的情节下的人物、环境、时间和空间等。寻求地域文化的内涵并对地域文化进行传承是叙事设计的本源。设计师在围绕地域文化资源挖掘故事时，在不同的故事建构中，不仅要考虑传统地域文化的主题内容及寓意，还要对现代社会发展做出判断，使地域文化结合现实的叙事需要确定主题。图6-1所示为"子曰"刺绣钥匙扣，钥匙扣采用双面刺绣工艺，一面为箴言警句，另一面为拉丁文译文，刺绣中文字取自上海图书馆徐家汇藏书楼藏《中华箴言录》中的《论语》内容"君子不重则不威"，用祥云纹样做装饰进一步丰富钥匙扣视觉效果，简明扼要地阐述了主题内容。

图6-1 "子曰"刺绣钥匙扣

二、叙事设计构思

叙事思维的介入为地域文化故事转入文创产品中创造了绝佳的设计路径，叙事设计主题的明确为确立产品设计的叙事文本指明了方向，叙事文本是文创产品的灵魂，是设计师通过产品展示给消费者的文化内容，同一个主题下根据不同的视角、不同的需求可以建立不同的叙事文本，从而使产品更加具有创新性和丰富性。

（一）从叙事视角转化

根据主题寻找叙述文本中的"事"，并从不同的角度挖掘"事"，从而实现"事"的多样性。叙事视角指叙述者进行故事叙述时的切入角度，同样的事件不同的角度，呈现的故事内容会有所不同，因此产品也具有差异化，消费者感受到的情感也就不同。在文创产品设计过程中，同一主题下不同的角度进行文本故事挖掘会呈现不同的设计效果，如从用户的角度进行叙事来决定故事的发生、发展，即设计师的设计方案中将用户作为其中一环，没有明确设置产品形态的多样化及产品的不同功能，模糊了具体的设计指向，而是运用启发式引导消费者参与产品设计，赋予消费者对产品进行探讨式再创作，让消费者根据自己对产品文化的理解及情感意愿实现不同的产品形式，也给叙事文本的多样性提供多元化的途径。从设计师的角度进行叙事，设计师根据经验和市场及消费者调研，综合考虑叙事文本的选取，这时会强化设计师个人的设计风格，由于不同设计师对文化的理解及设计的手法不尽相同，文创产品往往会带有设计师明显的个人风格。如有些设计师注重功能，有些设计师注重形式，这时表现的文本内容也是不同的。从产品视角进行挖掘，叙事文本相对比较直接，如从产品的外观造型的历史演变进行叙事，从产品的色彩图案的内涵及寓意直接反映叙事文化，产品视觉使消费者直观地感受形态及文化，是设计师在设计中极其重要的设计视点。

（二）从叙事情境转化

情境是个多维度的概念，在产品设计中，情境指的是事件、场景、时代背景和社会环境等。与产品叙事主题联系起来，简单理解就是叙事主题的背景文化及所处环境事件，在设计中情境考虑的不单是某个自然环境事件或某个具体的社会环境事件，它更多强调的是各个不同事物之间的关系状态，构成人物、事件、环境各要素之间相互作用而形成的一种交互情境，包括主题文化的人物和环境相互作用下产生的动态交互等。情境的呈现启发设计师的设计思路，使设计产品更具个性化。

叙事情境在人、物、环境系统中进行产品设计思考。在叙事主题的引领下从产品需求、产品功能及产品外观等多方面遵循消费者、产品及使用环境的需求。叙事情境下的产品设计，改变了以往的设计习惯，从具体静态事物为主要设计点转化为以整个事件的动态发展过程为设计线索，进行产品的情景化（故事化）设计，其中人物、事件与环境在一定的时间及空间构成相对应的故事情节构成产品设计中重要的元素。设计师在注重产品功能的前提下思考消费者使用产品时的文化体验，使消费者从更多维度体会产品的魅力。也就是说产品设计的最终目的并非仅仅是产品，而是满足消费者的心理需求，是消费者希望体验在使用产品时产生的某种情境。由此文创产品除了基本的物质功能，还要在产品中注入能给消费者带来美好感受的故事，也就是产品中包含"情"，才使产品生动而富有情怀。使消费者在故事里拥有愉悦的情感体验。因此在产品设计过程中，设计师注重对文化及文化故事情节的研究，情景中的事件与产品的功能、使用环境及情感结合研究，为文创产品的创新设计提供整体思路。

设计师在产品设计中对情境事件进行分析，将事件和产品及消费者等各种元素相结合，观察其中的相互作用，围绕叙事设计主题发现和确定用户的需求以确定新产品的设计定位，为获得产品最佳的概念设计方案做好前期准备，以满足用户对产品的需求。围绕主题内容的叙事情境可以是多方面的，可分为直接情境和间接情境。直接情境是指对分析叙事文本中的各因素（如人、事、环境）及其动态之间的相互关系及作用所形成的情境，包括人物与人物、人物与事物、事物与事物、人物与环境、事物与环境所组成的特定情境中各因素相互作用的系统过程。借助提取这些文化情境中的过程要素进行符号化，将符号的意义依存在产品这个载体上，随着情境的变化，消费者对产品的理解及情感也会发生变化，从而实现了叙事情境的转化。间接情境是指对主题关联情境的重新演绎或构建与主题相关联的新情境。在主题文化中抽取具有代表性的情境中的人、物或环境关系中的片段与现代生活元素相结合，如与现代科学技术的结合，可以结合数字技术等深化用户对于文化情境的感受，增强用户体验。引导可持续的生活方式，进行"绿色设计""生态设计""可持续设计"的设计理念的介入等。从不同的视角对故事的情境进行再创造，重新演绎关于主题的故事情境，从动态变化的角度让传统文化得到创造性的转化与传播。

三、叙事设计的情节设置

情节是故事主题的重要环节，情节由情节线和情节点构成，如果将情节线比喻成一条直线的话，为了使这条直线更加生动形象，设计过程中让它多转几个弯，那这几个弯就是情节点。在叙事主题设计中情节点就是事件，情节线是串联事件的线索，每一个情节点都会把故事沿着情节线向前推进，直到结局。情节设置既可以依据事件中人物的经历或性格的发展为线索，也可以以故事的发展为线索，还可以以事件的时空关系为线索。设计师通过编排情节使故事呈现，让互相联系的情节点之间，形成因果关系，使文创产品富含节奏感和韵律的同时具有令人回味的故事性。结合文创产品特点可以叙事思维下设计情节的设置方法分为直线型情节设置和发散型情节设置。

（一）直线型情节设置

直线型模式是比较常用并且有效的一种叙述方式，是指在某一主题下进行的设计过程中，叙事情节的设置以直线型的方式展开，即故事的开始、发展、高潮和结尾指向一个设计产品，此产品形象及内涵能明确地诠释主题并能引起消费者极大的兴趣与关注，消费者直接从产品设计中领会主题文化，使产品的视觉形象文化得以传播并吸引人们对相关内容的兴趣。图 6-2 所示为"熊本熊"是世界上拥有极高人气的吉祥物，熊本熊提取了日本熊本市黑色的建筑色彩作为其主色调，提取熊本县的火山地理及代表众多美味的红色食物的红色作为腮红，将熊本县的地域文化通过直线叙事的方式融入产品中，塑造熊本熊可爱有趣的形象。随着形象的推广，衍生出众多以熊本熊为中心的产品，从各类指示牌、自动贩卖机、出租车车身到各种零食包装、服饰，甚至熊本县还打造了熊本熊火车站、办公室、广场等系列产业链，还将设计拟人化，使熊本熊成为当地的"公务员"，通过"旅行日志"的方式给大家介绍当地的地方特色、景点、美食等，熊本熊的推出为熊本县带来可观的经济效益同时，将熊本县的文化推向了世界。

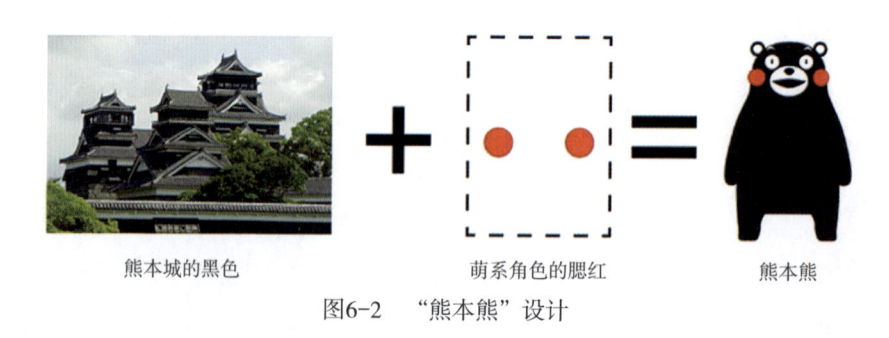

熊本城的黑色　　　萌系角色的腮红　　　熊本熊

图6-2 "熊本熊"设计

（二）发散型情节设置

发散型叙事情节设置是指在同一叙事主题下产生系列不同的叙事事件，形成产品的不同种类及数量，产品之间通过相似的元素进行连接，但同时又各具特点。在同一主题下发散型叙事情节可以呈现在不同产品的各个方面，如产品外造型通过故事情节的变化而产生相应的形态转变，向用户传达明确的文化信息。另外产品的载体、产品的色彩、产品的图案等都可以运用发散型模式形成"色与色""形与形""图与图"的叙事联系。如提取传统器具制作过程中不同材料的肌理、色彩用于文创产品图案色彩设计中，提取传统行为文化中不同阶段的行为元素用于文创产品的造型设计中。发散型模式有清晰明了的传统文化的辨识效果，它的丰富性、直观性、形象性、通俗性能很好地被消费者认知并接受。图6-3 所示是主题为"铜镜印象"的文创产品，设计者提取了来自唐代金银平脱宝相纹葵花铜镜上的精美纹样作为设计元素，并通过元素的分解重组和不同载体上图案的空间排列构成系列经典青花图案，创造出不同品类的（如丝巾、包、帽等）布艺文创产品，产品通过发散型的叙事模式将经典文物元素巧妙地融入人们的日常布艺产品中，增强了消费者对地域历史文化的认知度的同时，赋予传统地域文化新的生命。

金银平脱宝相纹葵花铜镜　唐（618—907年）
图6-3　铜镜印象

四、叙事设计的表达

将叙事情节呈现在产品中需要设计语言进行准确的表达，在明确设计主题、文化内容及设计路径策略的前提下，运用一定的设计语言进行具体方案的实施来体现叙事设想。地域性布艺文创产品叙事设计表达建立在具体的方案上，而方案是根据叙事内容和情节进行产品的造型、色彩、图案、材质、工艺及功能等的创新来完成。叙事设计语言的表达方式可以从三个方面进行，即设计元素的转化、使用功能的转换和文化内涵的关联。

（一）设计元素的转化

对于布艺文创产品来说，由于材质相对稳定，设计元素的直接转化是最常用的叙事手法，在设计中通过对地域文化的剖析，对文化中相关造型、色彩、图案纹样等元素的提取及转化，借助产品形成具有鲜明地域文化的视觉形态，使消费者通过产品的外观直接感受到文化的叙事性。

布艺上的越窑青瓷——基于叙事思维下的地域文创产品设计

1. 造型元素转化

对叙事主体的造型进行分析，提取其典型的文化形态，并对提取后的形象采用解构重构、夸张、变形等方法进行设计，使文化形象在布艺产品中得到体现，并能和布艺产品进行完美衔接，设计师运用造型元素转化的方式传达叙事内容，使消费者借助造型元素直接感受地域文化内涵，并通过产品阐释叙事主题。造型元素的转化分为立体转化和平面转化，立体转化指把叙事主体的形象用立体造型来表达，使产品更加具有真实感。图6-4所示为故宫文创盲盒"宫廷宝贝"，将传统的甪端形象生动地应用在布偶文创产品中。甪端是中国神话传说中的祥兽，象征光明正大、秉公执法、吉祥如意、风调雨顺，故宫太和殿两边就放着一对甪端，意在用甪端护卫故宫。"宫廷宝贝"在造型转化过程中，抓住甪端典型特征的基础上融入现代萌宠的元素，其轻松可爱的形象符合现代消费者的心理。另一种为平面转化，常见于将叙事主体的形象转化为产品中图案纹样的造型，通过图案纹样的创新变化实现文化的表达。

图6-4 "宫廷宝贝"文创

2. 色彩元素转化

色彩影响着人们的心理与情绪感受，不同的色彩传达着不同的情感，产生不同的能量。色彩能唤起人们各种情绪（如兴奋、激动、喜悦、沉静、鼓舞、优雅、抑郁等），能引起各种生理感受（如冷、暖、酸、甜、苦、辣等），由此可见，在产品设计中，色彩与消费者的关联大于其他，色彩的和谐设计在布艺文创产品中占据及其重要的地位，不同的色调可以影响产品的整体外观效果和文化意境，准确传达叙事主题及文化内涵，是引起消费者对产品喜好与否的第一要素。独特的地域色彩与当地的民俗风情、经济发展、宗教信仰等文化相关联，能够代表地域文化的整体风貌。在地域布艺文创产品叙事设计过程中，对主题文化中的关键色彩倾向进行梳理，提取代表性的色彩或色组，在色彩转化过程中关注流行趋势的变化，在保留地域文化色彩基本特征的前提下结合流行色趋势进行色彩设计，以符合现代消费者的审美需求。图6-5所示为嘉德明诚（北京）文化科技有限公司与陕西历史博物馆合作设计的"梦幻三彩"，"唐三彩"有黄、绿、白、褐、蓝、黑等色，以三彩釉陶骆驼载乐俑为灵感，提取其中最具代表性的三色——黄、褐、绿，结合色彩流行趋势，改变黄、褐、绿的纯度、明度，使色彩搭配更具时代感。系列产品包括丝巾、靠枕、包及台灯等，既保留了唐三彩的绚丽色彩，又极具时尚性，同时使消费者对唐三彩文化有了直观且深入的理解。

图6-5 梦幻三彩

3.材质工艺元素转化

布艺文化创意产品本身所具备的材质的独特性能使人们对布艺材质具有一定的认知，纺织品布艺特有的视觉和触觉效果，与消费者的使用体验较其他材质产品更加密切，具有更强的情感性，能深切地体会温暖与朴实。在材质元素的转化上更多体现的是纺织新材料的创新应用及不同纺织材料的组合应用，还有通过不同的工艺体现特别的肌理效果，赋予产品较强的功能性和艺术性效果。产品的材质工艺的发展是社会历史技术文化进步的体现，通过产品的材质及工艺更好地表现地域文化内容，使消费者实现对产品的视觉、触觉、嗅觉等多个感官体验。因此，对于布艺材质的选择，需要在材质本身性能基础上结合具体工艺手法并应用在地域文化产品上，以向消费者传递设计意图的同时给消费者带来不同的体验，进而进行多方面、多角度传递地域文化内涵，实现产品的工艺创新，完成文创产品的叙事目的。图6-6所示为联想和故宫文创联名版"事事如意"无线鼠标，在科技产品中应用布艺材质增加了科技的温度。

图6-6　"事事如意"无线鼠标

（二）使用功能的转换

消费者购买商品，购买的不仅仅是商品本身，还包括对商品背后的体验价值。在叙事设计表达过程中，设计师在产品中设计与叙事主题相关联的多样性形态，不同的形态在使用过程中可以通过某种方式进行转换，使消费者在转换形态的过程中参与了叙事过程，从而引导消费者感受叙事产品的文化含义。

（三）文化内涵的关联

叙事思维下的地域文化内容所包含的精神、信仰和传统观念是文创设计中的重要内容，在设计中，采用"隐喻"的手法将文化内涵相关联的事物通过形态的转化、寓意的形成等方式体现在产品中，通过产品融合文化内涵来关联叙事主题，使消费者能通过产品自然地联想到文化，并在产品使用体验过程中感受叙事主题文化，使文化认知在使用中深入感受，满足消费者对产品的情感需求。例如故宫博物院文创产品"福禄相随"口罩（图6-7），其设计灵感源于故宫文华门及紫地粉彩开光百鹿图尊中鹿的形象。在中华传统文化中，鹿同"禄"，象征吉祥、长寿和财富，故宫的大红门及门上的铜钉象征着至高无上的地位，文化内涵与产品功能相结合，传达出福禄相随的美好意愿。

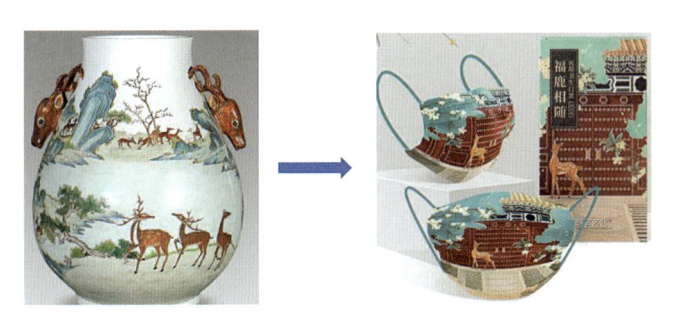

图6-7 "福禄相随"口罩

第七章 绍兴地域文化——越窑青瓷文化及其叙事性分析

布艺上的越窑青瓷——基于叙事思维下的地域文创产品设计

不同地域具有各自的文化特色，只有将地域文化基因注入文创产品中，才能形成独特的文化标签，创造鲜明的地域文创产品。通过对绍兴地域文化资源的梳理，从绍兴文化资源信息库中确定地域文化主题方向——越窑青瓷文化，为下一步叙事性主题设计的内容、情节及设计语言的确立提供设计思路，以此促进绍兴地域文化的传播，提升绍兴地域文化的影响力。

绍兴位于浙江省中北部，是中国历史上最早的文明之一，具有深厚的历史文化底蕴，通过漫长的历史岁月文化积淀，形成了独具特色的绍兴地域文化。其中越窑青瓷文化是最具绍兴地域特色的文化代表之一，以先秦越国中心故地命名的越窑是我国古代著名的青瓷窑系，烧制的青瓷被誉为"瓷器之母"，是中国最早、规模最大、种类最全、纹饰最繁、烧制时间最长、影响最为广泛、深远的青瓷窑系之一。《景德镇陶录》："越窑，越州所烧，始于唐，即今浙江绍兴，在隋唐曰越州，瓷色青，著美一时。"

第七章 绍兴地域文化——越窑青瓷文化及其叙事性分析

第一节 越窑青瓷发展概述

越窑作为中国古代最为著名的青瓷窑系，其釉色类玉似冰，造型精美，器物众多。早在商周时期浙江上虞曹娥江中游两岸就已经开始烧制原始陶器，上虞地域环境优异，曹娥江便利的运输通道及拥有大量适于制造青瓷的瓷土，和充足的松木燃料，这些都为青瓷的烧制奠定了良好的基础，早期越窑瓷器以绍兴上虞曹娥江流域为制作中心，此时产品种类繁多，胎质细腻，制作精致，造型优美，有壶、罐、盆、碗、盏、钵和印纹罍等，到了东汉时期原始陶器逐渐走向成熟。这一时期的青瓷产品在成型、烧制工艺上与原始瓷一脉相承，处处彰显着古拙与朴实。西晋时期，曹娥江中游地区的窑址比东汉时期增加了三倍，使之成为青瓷的生产中心，越窑瓷业渐趋繁荣，器物除了日用品和随葬用品外，还出现了熏炉。东晋时期出现大量的带盖器物，用来日常盛放食物，具有较强的使用功能。从前期以迎合"随葬"为目的青瓷生产转为制作日常用品，满足生活需求。南北朝时期瓷器以一些罐和壶之类器物为多，由于人们的生活习惯为席地而坐，此时的青瓷壶与罐形制较大，也出现一些新器类，如小盏类器物有相应的盏托配套，如浅盘和盏托。唐、五代时期是越窑青瓷之名称出现之时，陈万里《瓷器与浙江》中提到"早期的越窑"，根据浙江杭州、绍兴等地晋代古墓中出土的陶瓷器，以及绍兴九岩、王家溇、庙下等窑址中的发现，将浙江的晋代陶瓷称为"唐代越窑的早期产物"。从中晚期开始越窑青瓷被列为地方上贡之物，同时出口至巴基斯坦、伊朗、埃及、日本等许多国家，其中以"秘色瓷"最为神秘和珍贵。五代时的越瓷质量和产量都得到了极大的提高，器形规整，制作精巧，器物主要有碗、盘、洗、碟、杯、釜、嫩、灯、盒、缸、唾壶和执壶等，装饰以划花为主，题材有花鸟、莲花、云龙、飞凤、蝴蝶、云鹤等，比唐代更丰富。南宋初期，上林湖一带窑场再次兴旺，越窑青瓷出现了一个短暂繁荣的时期，随着南宋朝廷在临安设立五大名瓷，专烧宫廷用瓷的同时，越窑停烧。

第二节　越窑青瓷的物质文化与叙事分析

越窑青瓷集实用与艺术于一体的同时，更是一种文化符号，它承载了传统文化的精髓，体现了中国传统文化的博大精深。越窑青瓷的发展本身就是一部宏大的叙事史，包含历史社会经济、政治、思想、文化、信仰、审美等的发展变化，在越窑青瓷的文化探究中介入叙事设计思维，增加传统文化传播时的趣味性、空间性及互动性等特征。具体来讲，可以从越窑青瓷的物质文化、行为文化和精神文化中提取与叙事关联的元素，对其文化进行具体的探究，并研究分析每一种文化内容与产品叙事设计的结合点，提炼越窑青瓷文化中的叙事性内容，为布艺文创产品设计提供叙事设计思路。

一、越窑青瓷的物质文化

越窑青瓷本身就是一种物质文化，有日用品和明器等多种不同的类别。

作为日用品的使用功能性是越窑青瓷重要的内容，满足人们日常生活需求。从青瓷的题材、形制、设计元素和功能等几个方面体现越窑青瓷的物质文化。

三国时期，曹娥江流域的制瓷业随着南方经济的发展呈现出一种生机勃勃的景象，日用类瓷器器物逐渐替代了漆器、铜器，成为实用器皿。东晋时期，越窑青瓷多为日常用具，如烛台、杯、盆、钵、盘、碗、壶、灯、罐、砚等，器物造型端庄大气，器形多瘦高，构思奇巧、刻划细致，以羊、狮、虎、蛙、神兽等动物形象为主，特征鲜明。这些动物造型生动灵活、形神兼备，蕴含着丰富的时代文化内涵。魏晋南北朝时期的越窑瓷器种类也在不断增加，除罐、尊、壶、碗、盘、洗、耳杯等外，还有鸡首壶、香熏、唾盂、虎子、砚台、镇墓兽、莲花尊、猪圈、鸡笼、灶、多格盒、水注等。此时形态各异的动物、人物、植物及传说中的神兽等都表现在瓷器上。各种题材的表现形式不一，如有的将整个器形做成动物形状，如羊形、狗形、狮形等，有的则选取动物局部做装饰，如用鸡、羊、虎等头部进行捏塑作为装饰，无论整形还是局部，都蕴含吉祥和辟邪的美好寓意。兴盛时期的越窑青瓷，器型优美，品类丰富。按不同的类别对青瓷进行分类，如按题材来源可分为动物类、人物类、日用生活类等；按形制分类可分为局部造型、单体或复合体装饰造型、仿物造型三类形制；按设计元素分可分为造型、色彩、工艺纹饰及构成；按功能分类主要分为随葬用的明器和日常生活中的实用器皿。

（一）越窑青瓷题材

1. 动物类题材及造型变化

越窑青瓷中出现大量仿动物器皿或动物题材器皿，如有鸡、鸟、鸽、

布艺上的越窑青瓷——基于叙事思维下的地域文创产品设计

鹰、猫头鹰、狗、牛、羊、蛙、兔、猪、熊、狮、虎、蟾蜍、鱼类等形象；各种动物与器皿相结合的主要有鸡首壶、狗舍、瓷鸡、鸟形哨、鸽形杯、鹰形壶、鹰形尊、青瓷虎子、狮形器、蟾形器、熊尊等。动物题材丰富，造型多样，风格各异，显示了不同时期人们的生活生产习惯及当时的社会经济文化状态，有些作为生活用具，有些作为明器，兼具实用的同时赋予了器皿一定的象征及寓意，体现了人们对美好生活的向往。

鸡首壶作为越窑青瓷中重要的品种之一，造型较为多样，形式变化丰富，具有强烈的时代特征，在越窑青瓷中极具代表性。鸡首壶是以鸡首为装饰的瓷壶，西晋至唐盛行一时，"鸡"与"吉"谐音，数百年来人们一直延续使用鸡首壶，反映了古时由于社会动荡不安及战乱频繁，人们渴望安定，向往吉祥安宁的生活。

鸡首壶的形制随着时代的发展、社会的更替不断地发生演变，从三国到西晋近百年时间里，鸡首壶的装饰特征有着明显的变化，早期的鸡首壶，器皿上表现为只有鸡首而无脖颈，鸡头敷贴于瓷器表层，而脖颈部仿若隐藏于器内，实质与器皿融为一体，还有的鸡首壶鸡头没有完整露出，有一小半鸡头和脖颈部一同隐于器皿内，只露出大半个鸡头，鸡嘴锐利，鸡嘴虽张开，但一般为实心，与器皿内部不通，不能出水，鸡尾较小与鸡头相对，敷贴于器皿另一侧，如浮雕一般贴塑于器表，此时鸡首作为装饰品强调了器物的形式美，不具备使用功能。

东晋中晚期，鸡首壶从早期的装饰，变为鸡首雕琢成嘴部与腹内连通，成为可以出水的流部，主体仍是圆腹盘口壶，器腹丰满敦实，但鸡首伸出短颈，作引颈状，喙由尖变圆并张口，冠加高，鸡尾消失变成联结壶盘口与肩腹部之间的圆形或弧形把手，与昂起的鸡首相呼应，把手上饰龙行和熊纹，上端高于口沿，提起把手，即可倾注出水，流部与把手之间有一对桥形系，用作系挂绳子。鸡首壶形态生动，造型富有新意，昂首引颈的鸡首高出壶身如眺望远方，鸡尾作为把手与壶身平齐，并与鸡首遥相呼应，端正古朴的器型与自由生动的外形传达了古时劳动人民的智慧。此时鸡首壶多作为酒器使用，显现出形象与实用上的融合，从最初的纯装饰用途，逐渐发展到实用性与审美性的统一。

魏晋南北朝时期是瓷器鼎盛时期，此时鸡首壶器形变大，龙柄鸡首壶大量出现，修长的壶身，高大的冠部，细长的脖颈部是其最明显的特征，整体器型线条流畅，优美生动。

隋代的鸡首壶趋于写实，作昂首曲颈打鸣状，壶柄贴塑龙形饰。

至唐初，鸡首壶被新出现的执壶所替代遂消亡。

三国、西晋时期流行动物造型青瓷，羊、狗、猪、牛等驯养动物是越窑青瓷中常见的题材。其中以羊为原型的羊形器最具特色，将羊（和鸟一同）作为叙事题材将在第八章进行具体阐述。狗忠诚，通人性，越窑青瓷以狗为题材的有很多，如江苏溧阳博物馆藏的青瓷狗圈，此器皿外部几何纹进行刻划装饰，平底中心站立一小狗，昂首作吼叫状，小狗憨态可掬，形象生动。又如上虞博物馆藏有西晋越窑青瓷狗圈，狗圈似盆，盆口圆润，直壁，平底内凹。盆沿下有一周凹纹，壁饰斜方格纹，圈内蹲伏一小狗，抬头竖耳，双目前视，体态稚憨。猪是人类最早开始驯养的家畜之一，是财富的象征。萧山博物馆藏西晋越窑猪圈，此猪圈整体造型为圆柱形，模仿生活中猪圈样式，有供饲养员出入猪圈的凹口，有投喂食物的方形小窗口等，猪圈内的小猪形态瘦高，双耳直竖，神情逼真。类似的青瓷猪圈在西晋有各种各样的形态，整体造型类同，但也有变化，如在上虞博物馆藏有多件青瓷猪圈，其中有院落造型猪圈，内容完整，有房屋和墙体，形制较独特。这些青瓷中的驯养动物生动地反映了当时人们生产生活的场景。

越窑青瓷中非驯养动物类题材有虎、狮子、蟾蜍及神话故事中的神兽等。其中以青瓷虎子为代表，虎子是早期青瓷的典型器物，在战国时期已出现，因器形似虎而得名。

三国两晋时期，出现了造型优美、形制多样的青瓷虎子，成为人们日常生活用具。早期青瓷虎子造型简单，器身趋向蚕茧形与球形，前有凸起上翘的圆形口，背上贴塑条形提梁。

直至东汉末期青瓷虎子才呈卧虎状，口部多装饰为虎首，背部有扁平式或伏虎状提梁，四足蹲伏，腹腰收束，两侧刻划羽翼。西晋时期社会文化气息浓厚，反映在瓷器上，具有独特的艺术和审美情趣。

西晋青瓷多见猛虎造型，口部多堆贴成虎头，以虎嘴作流，虎头昂扬，双眼圆瞪，五官刻划生动逼真颇具威严，形态生动，腰部收小，球腹平底，腹部刻划双翼，纹饰清晰，刀法有力，腹下有四足作俯卧状，末端附一尾使用了戳印、划花、浮雕等装饰工艺，器身使用浅浮雕工艺雕刻羽翼纹，整体造型具有神兽化风格。

东晋以后，虎子的造型设计服务于功能，盛行圆形虎子，少见虎形虎子，反映出六朝时期虎子的形制变化。

"赤乌十四年款青瓷虎子"是迄今考古发现中带有准确纪年款识最早的一件瓷器，这件青釉虎子是越窑烧制，通体浑圆，斜颈圆口，腹上有弓背奔虎状提梁，虎头向上仰起45度，嘴巴张得圆圆的，腹下有缩状四肢，虎头后面的把手上还刻着细纹，美观又防滑，全身饰淡青釉。

越窑青瓷中的狮形器特征鲜明，狮子形象最早是从西域诸国进入中原地区的，包括印度、月氏、波斯等。作为百兽之王的狮子不仅象征勇猛，还具有吉祥、富贵、生财、子孙繁盛等的象征含义，在形象处理上有的头顶生角，有的肩上添翼，身上附有云气和火纹等方式，和仙、佛、道产生关系。狮形器出现于三国时期，流行于西晋，东晋时偶有发现，类别有狮形烛台、狮形辟邪水注、狮形插器等。它们的基本形态为头部高昂呈蹲伏状，器皿腹部为空，狮口张开，露出牙齿，呈凶猛状，脖颈之间雕刻精美的鬃毛做装饰。插烛孔大致分布在头顶、背部、尾部，其中以背部圆管式存世最多。1955年福州西门外凤凰岭出土的一件南朝青瓷狮形辟邪烛台，形状似狮形，狮头高高昂扬，双目圆睁，张口、齿外露，颔下有须，四足卷曲压于腹下，腹侧毛叶旋卷水波纹，尾呈蕉叶状，胸部凸出，身体弯曲，臀部翘起，体态矫健神俊，狮形脊背部上塑有与腹部相通的柱形圆管，用作插蜡烛。在出土的越窑青瓷中，杭州博物馆馆藏的狮形辟邪烛台是其中比较精美的器型，此青瓷烛台似狮形，两侧有羽翼，造型浑厚圆润又充满力量，狮子面部表情生动有趣。狮子呈俯卧状，头部仰起，耳朵高耸，双目圆瞪，侧身附有双翅，狮身堆帖穗状纹路，狮形辟邪器的背部中间有一管状竖直孔用作插器。这件越窑狮形辟邪烛台集雕刻、绘画、堆塑、贴塑等装饰技艺手法于一身，呈现出西晋时期特有的装饰风格。

越窑青瓷中的蟾形器形象生动、特色鲜明。蟾蜍在中国传统文化里被视为吉祥之物，常被视为财运和富足的象征，且充满非凡的智慧和哲理，充满力量和勇气，同时比作月亮，象征着美丽和神秘，也有"蟾宫折桂"的寓意，是人们顶礼膜拜的神物。三国时蟾形器有蟾盂、蟾形尊、蟾形香薰、蟾形长颈瓶。西晋到南朝时期蟾形器以蟾盂为主。蟾滴是蟾形器中特征最为明显的器物，蟾滴为研磨时盛水之用，是古代文房用具之一，其极

布艺上的越窑青瓷——基于叙事思维下的地域文创产品设计

好的寓意向来为文人雅士所喜爱，常备于案前。晚清许之衡著《饮流斋说瓷》称："蟾滴、龟滴，由来已久。古者以铜，后世以瓷。明时有蹲龙、宝象诸状。凡作物形而贮水不多者则名曰'滴'。"出土于浙江省慈溪市的越窑青瓷蟾滴原称"三足蟾蜍水盂"，造型上为蟾蜍立于荷叶形托盘之上，蟾蜍为扁圆形，三足均匀张开，头部仰起，脖颈伸张，口微启口与腹部相通，可出水，双目外突圆瞪，富有神气。后背及臀部圆润微隆，身体表面布满乳钉状装饰，器身两侧对称施以如意形卷云纹，图样卷曲舒展。腹腔中空可盛水，上开置注水的圆孔，前有稍曲蹲的两足，趾间有蹼，后端弧收下敛，并有独足支撑如尾状。蟾蜍体态轻盈而又充满灵气，造型取其踌躇满志，以求一搏之势，生动逼真，栩栩如生。

越窑青瓷中的神兽尊出现于三国魏晋时代，当时战乱瘟疫不断，民不聊生，人们崇拜传说中的"神兽"，希望保佑家族平安，远离灾难。神兽原型来自《山海经》里的神话传说中四大凶兽之一，是风神的后裔。神兽尊的设计巧妙之处，表现在尊和兽的巧妙融合，神兽尊张牙舞爪，威风八面，兽纹形象威严，面目狰狞，寓意能驱走邪秽、破除不祥。西晋永宁二年越窑的青瓷神兽形盘口尊，造型合理而奇特，颈部与器身相融，肩削，腹部鼓起，肩与背部间各有一系，腰部两侧各有三系，由肩至腹堆塑神兽纹饰，兽首贴塑器表，头昂起，口张开吐舌露齿，且含有一大珠，双眼突出仰视，颌下刻划精细卷曲长须，四肢紧贴身侧，前肢平举，身体伏地蹲坐，两侧刻划双翼纹。神兽尊形态生动，其通体施青釉，釉质润泽。

古人也视熊为瑞兽，有"圣王化熊"之说，作为先民的精神图腾，熊是光明的使者及力量的象征，常为一些原始氏族里的象征。三国魏晋时期，随着制瓷业的不断发展，瓷灯逐渐代替青铜灯、陶灯，成为主要的灯具，出现了极具特色的熊形油灯，如吴甘露元年越窑青瓷熊形油灯，灯盘为钵形，灯柱塑成幼熊形状，腹部微鼓起，四肢较细弱，身上的鬃毛以细线均匀刻划，熊坐于盘内，用头顶及前肢托举灯盘，蹲熊憨态可掬，意趣十足。越窑青瓷熊形灯具有极强的装饰性，将审美情趣融合在实用性中，具有很高使用及审美艺术价值。

2. 人物类题材及其造型

俑作为人殉的替代品，是一大文明与进步，从春秋战国一直沿用至元明。瓷俑出现在三国，各个不同时代的越窑青瓷人俑，造型各异，代表着不同的身份，有男佣和女佣之分。越窑青瓷人俑生动地再现了各个不同时代的人们生活、生产及文化状态。青瓷类人佣有仙人、羽人、佛像、胡人俑、伎乐俑等形象，其中胡人佣最为常见，瓷塑胡人俑最早在东汉时期就已经出现，到三国西晋时期，不仅数量多，且表现形式多样，内容丰富。如南京市北郊幕府山南麓的东吴大将丁奉墓出土的釉陶骑马胡人俑，通生施有青釉，骑马胡人俑整体形象类似，嘴较大、眼睛外突、络腮胡须是典型的胡人面容。在着装上胡人或戴尖顶帽，或戴冠，帽外还扎有麻花状巾子，在脑后系结，其上身着交领窄袖衣，腰间系有袢带。俑下身着袴，裤腿上有竖条纹及波浪纹，人物服饰刻划较为精细。胡人俑手中所执之物有排箫、鼓等乐器，还有肩上斜抗着的旌旗，从而可以判断这个胡人俑的身份大致是鼓乐者。又如武汉黄陂滠口东吴墓出土的头戴尖帽的舂米劳作俑；南京江宁上坊孙吴墓出土的侍者俑；武汉黄陂蔡塘角东吴墓所出的胡人青瓷乐俑即奏乐俑；萧山城南联华村出土的右手执剑，左手执盾的胡兵俑；还有将胡人形象作为镇墓兽者，如马鞍山佳山乡东吴墓出土的有胡人状面部特征的青瓷镇墓兽。

布艺上的越窑青瓷——基于叙事思维下的地域文创产品设计

  青瓷中按人佣的出现形式可以分为两类，一类以多个人佣以组合场面出现，另一类以单体形式出现。组合场面常常表现为社会活动中如娱乐、劳作等场景内的多个人物，不同的人佣身份表现出不同的姿态，组成了生动而自然的故事场景。如日常娱乐场景中有坐榻俑，头戴平顶冠，主人着宽袖长袍坐于长几前，另有手抚琴弦的抚琴俑，敲击扁鼓的击鼓俑，站立的吹奏俑，旁边还有侍俑、行礼俑、劳作俑、跽坐俑等，各种不同姿态、不同地位的人俑讲述着古时贵族生活娱乐场景中的宴乐故事。青瓷单体人佣即为个体形象，造型风格细腻而简洁明朗，神态较逼真且朴实无华，人佣以静态居多，通过精细的刻划塑造成人佣特有的精神内涵，传达强烈的艺术气息。其中男俑大多身形较瘦削，面容俊秀，体态颀长，衣着服饰则以宽大舒适的褒衣博带为主。女俑大多面部丰腴饱满，五官清秀，细眉长目，身着右衽曳地飘逸长裙，发饰繁复，整体线条生动流畅。

  青瓷人佣通过结合其他题材形式来丰富青瓷的整体装饰效果。如南京长岗村出土的三国吴的青釉羽人纹瓷盘口壶，精美生动，圆弧形盖，带钮，盘口，束颈，圆鼓腹，有系，平底。钮作回首鸟形，两边各装饰柿蒂形，盖面四周绘制人首鸟形物，姿态生动。腹部绘制大量持节羽人，分成上下两排，结构错落有致，两两相对，同时以仙草和云气进行辅助装饰，青瓷上的人物题材与其他题材的融合丰富了青瓷器物的表现形式。

3. 其他类

  越窑青瓷除了碗、罐、壶、碟、钵、盆等日用生活器具，还有大量的火盆、灶、鸡笼、狗圈、猪舍、谷仓等明器。明器中堆塑谷仓罐的产生使越窑装饰从简朴走向繁复，从初创期的五联罐，到成熟期繁复的亭台楼阁大场景罐，具有很强的艺术性和观赏性。堆塑谷仓罐中除了各式人物、飞禽走兽外，房屋楼阁也是其中重要的部分。另外明器中灶、水井、谷仓、牲畜圈、磨、筛、牛车等，将现实生活场景重现在瓷器上。

（二）越窑青瓷造型结构分类

越窑青瓷造型形式多样，有多种动物组合作为器皿的整体或局部造型，也有单独动物形象作为器皿的整体或者局部造型，大致可以分为局部造型、单体或复合体装饰造型、仿生造型三大类。

1. 局部造型

局部造型一般分为两种方式。一种是指器皿外形基本比较完整，只是在器皿表面捏塑、堆塑出动物、人物或其他事物局部或组合，通过与器物的外形进行艺术化结合而形成一个具有形式美的整体，如鸡首壶、鸽形杯等。另一种是指以动物形象为主，再根据动物的形象特征结合器物的使用特点形成的青瓷，使器皿在实用的基础上更富有艺术性，集强装饰与实用于一体，如集趣味性及寓意性于一体的水盂、虎子、狮形器、羊形器等。

2. 单体或复合体装饰造型

动物单体或复合体装饰造型是指在器物上用完整的动物个体形象进行装饰，装饰动物的种类及数量可呈现多样化，如谷仓罐、堆塑罐等器皿上形态各异的装饰物体。谷仓罐形状如坛，常用作明器，下部罐体与上部堆塑互为一体，在罐上堆塑着各种人物、鸟雀、走兽、亭阙和佛像等形象，其目的在于"所堆之物，取子孙繁衍，六畜繁息之意。以安死者之魂，而慰生者之望"，也是死者对生前生活留恋的写照，祈愿死后仍能粮食满仓、生活富足。如上虞博物馆馆藏的西晋谷仓，器身为腰沿罐，口部盖方底，上塑一组二层建筑物，中间为筒状，筒状周围塑姿态各异的动物人物，有拱手跪姿的胡人俑、展翅的飞鸟，以及门廊屋檐窗格等建筑物，罐体为溜肩、弧腹、平底，罐身上贴敷蛙头、辅首、骑兽俑、舞蹈俑，造型生动，制作精良。

3. 仿生造型

仿生造型器皿是指器物外形模拟动物、人物等形象，在设计中用各种手法强调并夸张各类物体的主要特征，塑造出更加典型的艺术形象并赋予一定的象征意义。越窑始自东汉晚期，唐代以前所产的青瓷较大一部分为用于丧葬的明器，造型和装饰上模仿青铜器比较多，在造型上以仿人物及动物形象为主。器物有瓷人俑、瓷狗、瓷羊、瓷猪等，这类青瓷根据日常生活中不同的人物及动物为原型进行塑造，人物、动物等神态自然生动，还有一些陪葬用的小型模型器皿，将日常生活中的建筑、人物、动物、工具等通过等比例缩小的方式进行塑造，如仓、灶、井、厕、圈、鸡、猪、狗、鸭、羊、磨等，栩栩如生地模拟了日常生活场景。

（三）越窑青瓷设计元素

1. 造型风格

我国古代手工业制造一贯注重"致用"，主张"利人"。所谓"百工者以致用为本"，就是以实用为第一要素。对于生活类用具的青瓷从东汉时期到宋代，经历了初现、兴起到逐渐没落的不同阶段，其各类器形都是由简单到繁复，从浑厚质朴到精雕优雅。东汉时期的越窑已出现壶、罐、盘、碗等各种生活器皿，这些器皿的设计逐渐转向经济实用，风格质朴浑厚。六朝时期是一个错综复杂、矛盾重重的时期，社会意识形态和人文观念渗透到艺术的各个领域，形成了特殊的时代个性，在整体造型的瓷器审美上，有别于汉代的浑厚，青瓷风格流露出江南水乡的灵秀之气，明显受当时地域的文化背景、经济状况、审美意趣的影响。从三国到南朝，其风格的演变一脉相承。此时器皿摆脱了单纯的使用功能，在实用的基础上，对精神层面的追求（也就是对审美的要求）得到提高，器型形态转向修长，外形轮廓线优美，富于变化，整体风格趋于优雅。到了唐代，实用器皿得到空前发展，在器物种类更加多样化的同时产量也明显增加，且不同风格共存。这些时代特征在青瓷盘口壶、碗、罐、虎子等器形的演变过程中表现得尤为显著，如盘口壶作为一种盛水的器皿，东汉时期高颈，盘口较浅，球腹，平底，器型简洁优雅，但使用功能稍弱，出水不方便。三国西晋口颈缩短，盘口和底部都较小，有的内口唇有一圈凸棱，上腹大，趋向于浑厚质朴。东晋以后盘口加大，颈腹加长，比例协调，风格又趋向于优雅。到南北朝时期，青瓷在生活中的使用更加广泛，器物造型趋向于实用风格，器形普遍更加瘦长，鸡头、羊头装饰的壶，体型较高，窄束颈，上口呈浅盘口式，下腹内收，平底，动物形象逼真高大。唐代壶身浅，敞口外撇，玉璧形底足，风格简洁朴实。直至宋代时盘口壶逐渐被方便使用的执壶所取代。这些造型风格的演变是人们不断根据审美及功能的需求对其进行再设计创造的结果。

2. 色彩

青瓷的表面敷有一层透明或半透明的青釉，釉是以铁为着色剂、氧化钙为主要助溶剂的高温釉，也是中国瓷器中最早出现的颜色釉。烧制过程中由于含铁量的不同以及窑内火焰温度的不同，青釉在呈色上会产生差异，有淡青、青黄、青绿等。由此可见瓷器自发明伊始颜色便呈青色，其主要原因是最早的釉料呈青色，因此涂有青色釉料的瓷胎经烧制后整器便呈现出青色，从最早烧制出原始瓷的商周一直到成功烧制出具有真正意义瓷器的东汉，再到拥有成熟瓷器的唐朝，虽然时间跨度长达2000余年，但越窑

布艺上的越窑青瓷——基于叙事思维下的地域文创产品设计

瓷釉一直以素面为主，也就形成了古瓷尚青的色泽取向。晚清许之衡《饮流斋说瓷》对于古瓷崇尚青色写道"古瓷尚青，凡绿也，蓝也，皆以青括之。故缥瓷入潘岳之赋，绿瓷纪邹阳之编，陆羽品茶，青碗为上，东坡吟诗，青碗浮香。"，以青为美，以青为贵。然而越窑青瓷在不同的发展阶段，"青"色通过色相或明度微弱的变化体现差异性，早期的越窑的"青"为豆青色、青灰色、微绿色至黄色。如三国早期瓷器胎质坚致细密，胎骨多为淡灰色，釉层均匀，釉汁洁净。西晋时期所制青瓷胎体较厚重，釉层厚润均匀，釉色以青灰为主，出现褐色点彩。东晋时期器皿装饰崇尚简约之风，青釉上使用褐色点彩盛行。褐彩作为点缀色如勾边、赋点等形式丰富了青瓷的色彩，如越窑青瓷褐彩云纹熏炉中偏青绿的青釉色搭配褐彩形成活跃的配色。青绿色和褐色色相对比强烈，然而通过明度的提高及纯度的降低形成既统一又对比的色彩组合，同时大面积的青绿色加上纹饰边缘褐彩线条，沉静中带有一丝活泼，显示出青瓷的典雅静谧。南北朝时期胎、釉分为两种，一种胎质致密，胎呈灰色，施青釉，另一种胎质粗松，呈土黄色，外施青黄釉或黄釉。唐代早期越窑釉色呈青灰色、青黄色以及淡青色。唐中期黄釉增多，后期逐渐减少，晚唐至宋初鼎盛期，釉色纯正而晶莹似玉，青逐渐偏绿成为艾青色，即为经典的秘色瓷之色，秘色成为唐代青瓷色彩的最高追求。随着时代的发展，秘色不仅仅指代某一种特定的颜色，而是指珍贵稀少的颜色，如"青绿""黄绿"都属于秘色。而用此类颜色釉色的越窑青瓷被称为秘色瓷。从另一方面理解，秘色瓷也就是相对比较珍贵的瓷器。唐代陆龟蒙的《秘色越器》"九秋风露越窑开，夺得千峰翠色来。好向中宵盛沆瀣，共嵇中散斗遗杯"中称越窑瓷色彩为翠色，陈万里先生《中国青瓷史略》中称"一私清漪的青水般湖绿色"传达出五代越窑釉色。这些对秘色瓷的釉色的描述中可以大致得出整体瓷器的风貌，这种翠绿色釉的"秘色瓷"延续至北宋初期。五代越瓷瓷胎细腻致密，胎色多数呈浅灰或灰色，胎壁较薄，大多施青釉，釉层匀净光滑，呈半透明状，以青绿釉为主，青翠滋润。北宋早期，仕族阶层对"秘色瓷"的喜好和追捧促使越窑得到进一步繁荣与发展，北宋早期的越窑依然以青翠为主，只是这时瓷器釉层比前朝更厚，在色泽青翠的同时光泽度也更好，达到了新的艺术境界，器物造型精巧秀丽，仍然保持着汉唐较轻盈的风格，青绿釉色，纯净而透明，北宋中晚期越窑走向衰落，釉色又变为青灰色。

3. 纹饰

越窑青瓷之美，除了器型外还美在纹饰。在越窑青瓷装饰纹样题材中，从最初的线条、几何到动物纹，再到花鸟植物纹，纹饰的线条流畅简洁，纤细生动。其中以花卉植物纹最为多见，有缠枝纹，团花纹等，动物纹亦有很多，如有对鸣鹦鹉纹、龙纹、双蝶纹、飞雁纹等，同时辅以花卉等植物纹，人物纹样则不多见，一般为人物宴乐图。而其中的几何纹、莲花纹及忍冬纹作为纹样中的基础形，应用的范围较广。如几何纹早在新石器时代，陶器上开始使用线条来进行装饰，这不仅仅增加了陶器表面的摩擦力便于使用陶器，也增加了陶器的审美价值，通过几何图形重复的构成形式，使纹样具有秩序、节奏、均衡、对称的形式美。在东汉时期，在瓷器上出现并盛行弦纹、水波纹、方格印纹、三角印纹和网格纹等几何纹样，简洁明了的几何纹反复地在复口罐、双系罐、四系罐、碗钵等器物上进行装饰应用。

三国早期瓷器纹样简朴，纹饰有水波纹、弦纹、叶脉纹等，晚期纹饰逐渐趋向丰富，几何纹样变化丰富，常常将几种不同的几何纹组合成带状

布艺上的越窑青瓷——基于叙事思维下的地域文创产品设计

花纹,如网纹、弦纹和联珠纹组成的花纹带,再配以其他形象(如衔环、龙虎和佛像等),使器物质朴中透露着稳重。西晋时期,纹饰精致繁复。东晋时期,几何纹局部装饰是这一时期青瓷纹饰的特征之一,如在器耳上刻划叶脉纹、斜方格网纹、联珠纹、水波纹、菱形纹、花蕊纹组成饰带,简洁而又庄重。到了南北朝时期,佛教大举传入中国,深刻地影响了中国文化,莲花作为佛教符号,是佛教艺术中重要的装饰题材。佛教的盛行,南北文化的融合表现在青瓷制品中,使莲花纹成为这一时期的重要特征,莲花在佛教中寓意富贵和吉祥,许多青瓷制品皆用其作装饰花纹,形式多样,在莲花纹的带动下,青瓷上出现了蓬勃的花形纹饰。莲花纹在青瓷上的体现主要分为两大类,一类为平面造型的莲花纹,另一类为立体造型的莲花纹。平面造型的莲花纹起到表面装饰作用,如南朝的青釉刻花盘,盘腹中间上下各有划画仰复莲花瓣的纹饰,相连的卷草花纹在两层莲瓣之间,盘面以莲花为装饰,盘的外沿、盘沿、盘身与莲花形融为一体,增加了器物造型的美感,还有的用立体形式表现花瓣,充满生命的活力。如收藏在北京故宫博物院的唐朝时期青釉刻莲花纹盒,呈直口状,外撇圈足,盒盖处画有花卉,中心处是一朵莲蓬,外环莲瓣一周,盖边与盖底的中腰部分各自刻有一道弦纹,纹饰精美细腻,造型秀丽,釉面光滑,这类存世的越窑青瓷证明,莲花纹在当时表现形式多样,在各个不同的器皿内外壁上都划刻垂线仰莲进行装饰,连同器皿如一朵朵盛开的莲花,精美绝伦。其中有许多莲瓣纹图案层次分明,具有浅浮雕效果。立体造型的莲花纹在青瓷中主要表现为器型如莲花状,有莲花瓷尊、青釉莲花盘、莲花瓣纹盖罐等品种。青瓷莲花尊是南北朝时期出现的新式造型,是青瓷文化的代表作,青瓷莲花尊的造型以仰覆莲花为主题,上饰兽首、盘龙、宝相花与连珠纹等，器形高大，胎体浑厚，装饰华丽。浮雕所刻的莲瓣向外伸展，层次莲瓣好似一株盛夏绽放的莲花，显得非常清新自然。它以独特的魅力与圣洁素雅的韵味，深受世人的喜爱，被誉为中国的"青瓷之王"。现存于南京博物院的一对青瓷莲花尊，是六朝青瓷中最大、最精美的一对，此青瓷莲花尊长颈直口，外沿饰一对桥形耳颈，肩部有六个双系环耳，在颈部贴塑六团花，并刻有六兽面纹。由于受到佛教的影响，整件器物以莲花为造型，由多层仰、俯莲瓣堆雕而成，并刻划出具有浮雕感的莲花花瓣，盖为僧帽形，盖顶有方形钮，在盖的四周雕饰有莲花纹，纹饰精致繁复。

越窑青瓷植物纹饰中除了莲花纹最常出现的还有卷草纹，卷草纹原型为忍冬，忍冬是一种蔓生植物，俗呼"金银花""金银藤"，通称卷草，其花长瓣垂须，黄白相半，故名金银花。明代吴宽曾言："霜雪却不妨，忍冬共经腊"。道出了忍冬不畏严寒，越冬不死的特征。李时珍在《本草纲目》中亦云："久服轻身，长年益寿。"表明其还蕴含着多寿多福、长生万年之意。魏晋时期浙江一带的青瓷上已经出现忍冬纹，盛行于南北朝时期。在南北朝时期忍冬纹以缠枝纹的形式出现，形态消瘦、清朗，枝叶蔓卷，相缠成带状，有单独出现也有和莲花纹组合出现。隋代瓷器上的忍冬纹形象趋于抽象，采用概括的图形和线条。唐朝以后，忍冬纹的发展已趋于稳定，为固定的表现形式，枝干上叶子相互呼应，藤蔓卷曲张弛自然，形态秀丽，常与莲瓣纹相配用作主题纹饰，取"吉祥""长生""君子"之美意。忍冬纹装饰的越窑青瓷象征着长寿、坚韧和吉祥，是古代人们对生命和自然的敬畏之情的体现。

到了五代时期，纹样更加丰富，出现了动物与植物组合的纹样。到了北宋时期，青瓷纹饰中出现了大量的主题式纹饰，纹饰造型趋向繁复细腻，以植物题材居多，如缠枝牡丹纹、缠枝菊花纹等，同时通过增加题材的方式强调纹饰中的美好寓意体现，如将象征着幸福和家族希望的童子图与富贵吉祥的植物一起刻绘于青瓷中，内容丰富、寓意美好。

4. 工艺

常见越窑青瓷的装饰工艺技法有刻花、划花、印花、堆塑、镂雕等，不同的时代工艺有所不同，早期越窑不太注重花纹装饰，因此青瓷工艺以多雕、镂空和堆塑为主，少量简单纹饰采用刻划、印等工艺，如西晋时期的动物造型器、罐、盂类和一些殉葬用冥器，大量采用堆塑工艺。在六朝时期以雕塑为主，有整体雕塑、局部贴塑等。南北朝时期出现刻划工艺，青瓷莲瓣纹碗的莲瓣纹以浅划手法为主，玻璃质感，纹片细碎。唐代多采用素面，加刻瓜楞的手法表现器物的线条美，同时部分器物局部也使用刻花纹饰纹。唐代中晚期鸟纹造型开始应用线条刻画并逐渐成为主要装饰手法，纹饰线条粗犷，形象简洁而生动。五代逐渐大面积使用刻花、划花、雕花、印花等技法，如五代时期的"蟠龙罂"龙纹占据罐体全身，采用雕、刻、划等多种装饰技法相结合。这些装饰工艺均在坯体半干半湿时，采用刻花、划花、印花等技法对器物进行加工，此时既不易变形又容易刻划，不管用何种工艺，都能极好地表达不同纹饰的不同装饰效果。而到五代北宋初，越窑青瓷上鸟纹图案繁复、形象优美，大量使用精细的刻划线条，纹饰形神具备，釉色清雅，尽显越窑青瓷的文化内涵。北宋早期，盛行纤细刻花和划花装饰，并使用浮雕和堆塑等技法，纹饰流畅精细。

（1）堆塑。越窑青瓷上的捏塑与雕塑技法，在三国西晋时期开始较多地使用。魏晋南北朝时期，青瓷上出现场景式雕塑，即将日常生活中出现的场景内容经过艺术处理呈现在青瓷上，如将人物、动物、自然景观、建筑等形象塑造在器皿上形成装饰效果，从而表现出独特的外观器形。古时工匠运用夸张、富有创造力的艺术手法强调了各类形象的特征，传达了丰富的文化内涵。青瓷胎体在制作过程中先将每个部件单独制作再组合成型，罐的外形大多先用捏塑法形成，然后再进行细部雕刻，堆塑完成后，再对表面进行修整。如三国时期明器使用堆塑工艺，其中以堆塑罐为标志性的器物，堆塑罐呈椭圆形，下半部分为罐，上半部分堆塑了建筑、人物、飞禽走兽等的造型，出现堆塑人物楼阁魂瓶、楼台百戏堆塑罐等。堆塑的内容反映了当时的信仰、社会文化生活及习俗，生动地描绘了一幅世间万象的场景。

（2）划花与刻花。划花是指用竹、木、铁等尖状工具在尚未干透的瓷胎表面划画纹饰的装饰方法，其纹饰特点是线条纤秀、流畅、画面自然生动。早在东汉时期的盘口壶、双系罐等器物的口沿或肩部上，就已出现用划花手法划出的一道或数道弦纹和水波纹的纹饰。五代时，划花已经十分盛行，花纹以荷花、荷叶纹为主，划出的线条挺拔流畅、自由奔放，分别装饰在碗、盘的内底、盒盖面上。北宋中期越窑划花装饰作为最盛行的一种装饰，并有了新的发展，出现细线花，纹样有龙纹、交枝四荷纹、交枝四花纹、缠枝纹、朵花纹、波浪纹等，线条纤细流畅、纹样繁密，构图讲究对称，布局圆满。刻花是指用刀具在尚未干透的瓷胎表面刻划纹饰的装饰方法，其纹样特点是线条宽窄不一、富有变化、纹饰具有立体感，画面生动逼真。刻花手法最早出现在春秋时期的原始瓷盉上，采用一些粗道道或圆坑坑的表现形式。刻花与划花的不同之处在于一个是刻刀划出，一个是针尖划出，由于用具不同，可产生粗细深浅不同的纹路。

划刻花同时应用在唐代中期逐渐出现，北宋早期注重纹饰的装饰效果，推崇划花装饰的同时与刻花同时使用，使刻与划有机地结合在一起，纹饰具有层次感，从刻划线条的交错现象来看，一般是先划后刻，即先在坯体上划出纹样，然后再紧挨纹样的轮廓外侧刻出一道粗线条，形成强烈的对比，如莲瓣纹往往先用细线划好图案，然后在花瓣轮廓线外侧用斜刀刻出深浅不一的线条，线条的粗细深浅使图案产生层次，富有立体感。脉络清晰的划花、刻花形成的纹饰伴随着越窑的整个发展过程。用划刻的工艺塑造出对称图案，如对双凤、对双蝶、对双鹦鹉、对称的花卉等。刻划纹样有植物纹、动物纹、人物纹、几何纹等，题材丰富、刻划精细、造型优美。

（3）印花。印花是指事先制作出纹饰模具，然后将用带有花纹的印模在尚未干透的瓷胎上拍印出花纹的技法，也可用带有纹样的模子直接做坯。模印工艺是在陶瓷工匠们长期的刻花实践基础上，打破了传统纹饰上的限制，简单快捷，适合大规模生产，模印工艺的出现极大地提高了效率、降低了生产成本。东汉时期青瓷上就开始从拍印装饰中演化出模印工艺。三国时期，已经出现模印的斜方格纹、斜方回纹、井字纹等。到西晋时期，模印已经是南方青瓷的主要装饰方法。此时印花纹饰结合运用戳印技术，用管状工具在青瓷胎体上戳印出一个个小点进行装饰，常用这种工艺手法制作联珠纹、花芯纹等，印纹大多用于瓶、壶、罐的肩部或上腹部位，谷仓、洗、钵一类器物的外壁口沿下，个别也见于香薰的足部，戳印纹疏密合理，装饰效果独特。如浙江余姚五星墩出土的西晋青瓷提梁人物鸡头壶，器肩四周连珠弦纹与印纹装饰带构成装饰图案。北朝时期的印花打破了几何印纹的局限，开始出现富于生活气息的人物题材，如北齐范粹墓出土的四件黄釉印花扁壶，腹部两面分别模印胡人乐舞图案，是印花器物水平的最高代表。在整个宋代陶瓷生产中，模印是最具代表性的工艺之一，题材更加广泛。如北宋越窑青瓷模印双凤戏珠纹粉盒盖瓷片标本，盒盖上印有旋转式双凤戏珠纹，呈对飞状，形神兼备，充满勃勃生机，凤凰造型趋于完美，形象端庄大度，姿态优雅曼妙，模印线条清晰自然流畅，技法纯熟。

（4）贴塑。贴塑是指事先以泥料做好纹样，如人物、花鸟等，然后将纹样以泥浆粘贴到器物瓷胎的表面上，再入窑烧制，成品中纹样就装饰在了器表上。贴塑的特点是随意灵活、造型生动、立体感强。如东晋时期，随着佛教的传入，道教思想随之流行，佛像成为一种新的装饰题材，通常用模印贴塑技法，将佛像装饰在堆塑罐和器物上。

（5）镂孔。镂孔是青瓷的一种装饰手法，用工具把坯体从表到里雕镂成圆形、方形或三角形等小孔洞。镂孔多用于青瓷香熏中。熏炉有球笼式熏炉、三足式熏炉，球笼形熏炉是六朝时期极具特色的熏炉制式，炉身仿罐状呈球笼状，镂空样式丰富，一般在熏炉器上半部分设计、大小不同、排列有序的镂孔装饰，其样式以几何形为主，有圆形、菱形、三角形等，镂空设计一为丰富器物造型，二起到炉内熏香气味通过镂空处外溢，满足使用功能需求的作用。如三国至西晋越窑青瓷双耳熏炉，此器唇口，丰肩，弧腹，平底，造型圆润饱满，炉壁与底部皆有镂孔，镂孔排列有序、层次分明。三足式熏炉具有丰富的镂空样式，以及精彩的出烟口设计，如越窑青瓷灵猴捧桃连座熏炉，此器为上熏炉下承盘结构，主体为饱满的球状镂孔熏炉，炉顶接管状出烟口，口上捏塑一灵猴，炉底下设三足，三足以下，再设三足承盘。熏炉肩部饰有双层三角镂孔，层层均匀分布十二孔，虚实相间，顶角对齐，比例协调。唐时越窑青瓷镂空造型变丰富，出现刻花卷草纹镂空香熏，器皿由盖与座两部分相合成扁圆球形，以子母口相扣，大圈足，足底微凸，足跟外撇，盒盖镂刻卷草纹，纹饰舒展优美、疏密有致，

105

茎叶之外皆镂空，缠绕转折的枝叶空隙为镂孔，形式优美。其他在一些模型器上可见方形、长形及半圆形的孔洞，如房子、鸡舍、水井等。

（四）越窑青瓷功能分类

1. 日用品

日用品是越窑青瓷的主要品类。最初原始瓷器用明火裸烧烧制出碗、盘、钵、壶、罐、缸、盏、水盂、砚等简易耐用的日用器具。汉晋时期，仍以简单实用的日用器具为主，烧造技术基本保持不变，釉色青灰，装饰简洁，到晋末至南朝时期，越窑青瓷种类逐渐丰富，此时已涵盖了衣食住行所需的碗、碟、盆、盒、罐、壶、盏、砚等的日用生活器物种类，胎骨较厚重，施釉薄且露底，多为无纹装饰。至唐宋代，越窑青瓷得到空前发展，运用到生活的方方面面，如文人使用的砚台、水盂、笔筒、镇纸等文房用具，又如流行饮茶的风尚，出现了大量的青瓷茶具。

2. 明器

古人对死亡恐惧，憧憬永生，进而将这种期盼寄托在了随葬明器上。汉代提倡薄葬，将日常所用器物缩小比例制成模型明器作为殉葬器物。模型明器特点鲜明，主要包括仓、灶、井、风车、碓房、圈厕、院落、楼阁、田地、池塘以及家禽、家畜俑等。如汉墓出土的各种农庄、瓷楼、瓷院落、猪舍、瓷狗、羊形器、虎子、蛤蟆、灶、鸡笼等，不仅反映了当时的日常生活，同时也透露了当时的建筑形式。其中最具有代表性的明器为魏晋时期的越窑青瓷魂瓶，魂瓶带有明显的模型明器的特点，它将田园风光、死后仙界与吴地楼阁的建筑特色融为一体，高度浓缩了人们对现世的留恋和对往生之处的想象。魂瓶又名"谷仓罐""堆塑罐"，北京故宫博物院藏品青釉堆塑谷仓罐，于20世纪30年代出土于浙江绍兴三国墓，有着鲜明的吴地特色。罐身下半部是完整的青瓷罐形，罐肩塑有一龟驮碑；上半部分则是堆塑三层崇楼，楼下两侧有奏乐伶人，楼檐上停栖着群鸟和觅食的老鼠，有狗有鸟，有人有龟，还有鹿、猪、鱼等，一片生机勃勃的景象。

二、越窑青瓷物质文化的叙事分析

综上所述，越窑青瓷的物质文化内容丰富，从越窑青瓷题材、形制、设计元素及越窑青瓷的功能分类等都可获取大量的素材及灵感，结合文创产品叙事性设计思维，在越窑青瓷物质文化资源中寻找相关具有特点的叙事文本。在设计中，物质文化一般是指器物题材、造型、色彩、纹饰及工艺的直观叙事，见表7-1。

表7-1 越窑青瓷物质文化资源叙事性分析

越窑青瓷物质文化	内容及特点	叙事设计结合点
越窑青瓷题材	1.动物、人物及日用生活题材 2.题材内容丰富，表现形式多样，体现了不同时期人们的生活生产习惯及当时的社会经济文化状态，实用的同时赋予了器皿一定的象征及美好寓意	根据线型情节设置，可以将越窑青瓷中题材内容按不同的历史阶段的演变进行故事及情节的设置，也可结合现代对该题材的理解进行对比叙事
越窑青瓷造型结构	1.局部造型、单体或复合体装饰造型、仿生造型三大类 2.青瓷器皿的不同造型体现了时代特征的同时，具有实用与审美相结合的特征。器皿形态的多样性形成了其特有的艺术形象	根据越窑青瓷中造型结构的类型形成方式构建故事情节，如根据仿生造型中的原型物体及该器皿的用处如何结合产生联想进行叙事
越窑青瓷色彩	1.灰色、淡灰色、青灰土、黄色、青黄釉、黄釉、青灰色、青黄色、淡青色、青绿色、褐色。 2.色彩以单色为主，清润优雅	通过越窑青瓷色彩的演变、文人诗词中对青瓷色彩的描述进行场景转化，设置叙事情节
越窑青瓷纹样	1.几何图形、植物纹、动物纹及人物纹及组合纹等 2.形式多样，变化丰富，具有美好的寓意及象征	通过越窑青瓷纹饰的内容、构成方式及其美好寓意进行叙事。如佛教中寓意富贵和吉祥的莲花纹在青瓷上的叙事设计

续表

越窑青瓷物质文化	内容及特点	叙事设计结合点
越窑青瓷工艺	1.堆塑、刻花、划花、雕花、印花等工艺 2.平面与立体的特征	越窑青瓷的不同工艺的制作过程、场景甚至制作工具等都可以通过故事形式进行情境再现

第三节 越窑青瓷的行为文化与叙事分析

行为文化是指越窑青瓷在造型、形制等客观形象外，与人们的生活生产发生直接连接。主要包含青瓷文化与祈福祭祀、青瓷文化的传播渗透、青瓷文化的传承与创新三个方面。

一、越窑青瓷的行为文化

（一）青瓷文化的祈福祭祀

越窑青瓷除了日常生活用具外，还作为礼佛器具进行民间祭祀、礼佛、日常供奉等。晚唐五代时期，礼佛文化得到王朝的重视，制定了相关的佛教法典与律宗，延展至民间出现了崇拜与模仿佛教教徒的行为，随着佛教的发展，礼佛用具逐渐被民间用作日常祭祀，并逐步民间化、日常化。宋代以后逐渐流行"三具足"礼佛用具：一具香炉、烛台和花瓶各一对。而到了南北朝前后，出现了用以祭祀的香炉，其类型各异，装饰风格独特。大约自唐开始，日常生活中形成了香熏习俗，使熏香成为生活的一部分。

由于历代统治者对佛教僧侣的礼重以及佛理的有效传播，促成了佛教活动的兴盛。佛事活动在民间日常生活中逐渐流行开来，人们在居室中常常摆有佛像，以达到日常供奉的目的并逐渐程序化。礼佛用具中的净瓶、香炉、花瓶等成为民间供奉时常使用的器具，随着佛教礼仪文化的发展，人们增加了祭祀活动的内容，出现了供品组合摆放的形式，并逐渐形成了一定的形制，如佛像前设有长短不一的香几作为供台，供台的前面再置一香几，香几上放置供奉小香盘，此时熏香已然成为人们生活中的重要部分，体现了当时人们的精神文化生活状态。

（二）青瓷文化的传播渗透

中国被称为"瓷器之国"，历史上瓷器是中国重要的对外出口商品，而越窑青瓷是中国瓷器文化的代表，通过海上陶瓷之路走向世界各国，将中国传统文化通过越窑青瓷渗透各国的思想文化之中，从而影响瓷器文化艺术的发展及世界对中国文化的了解，同时通过交流越窑，青瓷也吸收了外来文化特点，丰富了器物的文化内涵，对于促进文化相互交流及传播起到了重要的作用。隋唐时期，越窑青瓷艺术传播到日本列岛，由此形成早期的越窑青瓷"海上陶瓷之路"。6~7世纪时，越窑青瓷艺术通过海上陶瓷之路经阿拉伯商人传播到了印度、波斯（今伊朗）、埃及以及非洲的东部与北部，甚至通过地中海远到欧洲。越窑青瓷所到的世界各处，都对该地的瓷器艺术及其他造物艺术产生了影响。唐代开始，随着对外交流的繁盛，越窑青瓷作为中国风格青瓷为不同国家人们开启了新的文化及习惯。通过越窑青瓷的对外出口传播交流，使其他国家对越窑青瓷技术和中国文化产生了极大的兴趣，不断通过派遣唐使等与汉文化进行交流学习，同时也将外来文化带入中国。两晋时期，随着异域文化的传入，同时期的越窑青瓷装饰艺术也受到了外来文化的影响，如狮形器就是三国西晋时期越窑青瓷器中传播地域广泛的代表性器物，以狮子为原型的辟邪等神兽形象出现在各类青瓷上，越窑青瓷装饰纹样常用的莲花瓣纹、卷草纹等形制都受到西域宗教和文化影响，在唐代越窑青瓷产品中可看到很多异域文化元素，在装饰纹样上最明显，如常见的椰枣纹、摩羯纹、狮子纹、联珠纹、胡旋舞图案等，还有直接用异域人物形象或阿拉伯文作装饰的。这些都成为中西文化交流的见证。

由此可见，瓷器的海外传播具有双重价值，其一，大量实用器具的输入对当地人的生活习惯产生了影响，特别是使当地人们的饮食习惯发生了变化，如苏吉旦（今爪哇）"饮食不用器皿，缄树叶以事，食已则弃之。"当时的很多东南亚国家饮食时还没有使用器皿习惯，直到瓷器的输入才得以改变，也因此提高了人们的生活品质。其二，通过瓷器的海外传播，优秀的中国传统文化和艺术成就融进青瓷里流转到世界各地。同时，通过不断传播与交融，越窑青瓷的再设计中不仅融入了多元文化，呈现出新的文化内容，也为人们了解世界各国文化提供了窗口。

（三）青瓷文化的继承和创新

至宋朝，越窑青瓷逐渐衰落，后来失传，但越窑这项制瓷技术逐渐扩散至江苏宜兴、陕西耀州窑、浙江龙泉直到全国各地，并衍生出丰富多彩的新瓷种，如龙泉青瓷等。随着时代的变迁和社会的发展，千百年的文化遗产包括其民间文化与技艺的传承从未间断，现代越窑青瓷的文化创意设计及打造相关具有影响力的创意文化品牌，在发源地绍兴上虞展开了与之相关的非物质文化遗产和文化艺术交流创新活动。如2023年11月"越窑青瓷·中国瓷源"首届"上虞窑"开窑节在浙江绍兴上虞开幕，展现了上虞传承保护青瓷文化、重塑青瓷之源形象的意愿，对越窑青瓷文化的传播、发展、融合新路径提出了新的思路。并开展系列青瓷保护工作，延续越窑青瓷文化底蕴，如上虞区人民政府与故宫出版社签订文旅与文创IP设计合作协议，将越窑青瓷文化与文创产品相融合。

古代越窑青瓷承载着丰富的历史文化信息，通过研究越窑青瓷，能更好地了解和传承中华民族优秀传统文化，增强文化自信。在不断的器物文化探究中，继承越窑青瓷技艺与文化需要结合时代需求不断再创新生产，从而呈现新的文化内容。

二、越窑青瓷行为文化的叙事分析

越窑青瓷的行为文化资源主要是人们在生活生产及交流沟通中形成的，通过分析整理青瓷行为文化资源，可以为叙事性文创产品设计提供多元化灵感，如行为文化转化为产品具体的功能、产品使用情景及给设计提供叙事内容，具体越窑青瓷行为文化叙事性分析见表7-2。

表7-2　越窑青瓷行为文化资源叙事性分析

越窑青瓷行为文化	内容及特点	叙事设计结合点
越窑青瓷使用功能	1.日用功能、祈福祭祀 2.使用功能是越窑青瓷在日常生活中的重要的功能，和当时社会的经济文化状况产生连接。祈福祭祀是越窑青瓷另一重要功能，有专用的礼佛器具，设定的时间、场所及规范的仪式。传达了人们驱邪避灾、生活安康平顺的美好愿望	根据线型情节设置，可以将越窑青瓷中使用场景进行再现，形成叙事情节。包括日常使用场景，用文本转换的设计语言反映当时的社会形态 祈福祭祀作为越窑青瓷中的一项功能，具有一套规范的程序，传达人们的敬畏之心。运用叙事性设计思维对祈福祭祀活动进行线性情节设置
越窑青瓷传播交流	1.国内传播交流、国外传播交流 2.国内越窑青瓷传播的路线及变化特点。国外越窑青瓷传播后的相互交流形成的新形态	根据发散型情节设置，将越窑青瓷的传播交流后产生的不同形态进行叙述。还可以将传播到不同的地域及国家进行路线、风俗等的叙事情节设计，使文创产品充满趣味性

第四节　越窑青瓷的精神文化与叙事分析

越窑青瓷精神文化是一种抽象的文化，是在社会及生活方式等影响下形成的思想文化，是地域文化的核心，具有深层次的内涵。可以从越窑青瓷审美及精神特质两个角度出发对越窑青瓷精神文化进行分析。

一、越窑青瓷的精神文化

（一）越窑青瓷的审美及寓意

越窑青瓷受佛教思想影响颇深，这也是决定越窑青瓷审美发展的因素之一，是越窑青瓷"秘色"瓷存在的根源。佛教中禅思想的最终目的在于使人摆脱世事烦恼妄念，求得精神宁静与灵魂解脱。而这种追求内心的平静以达到心境的高洁与明净，才能更好地体会宇宙万物的本质与内涵，达到审美的最高境界。于是，在严酷的现实生活中，事物的整体审美情趣转向适宜、无争、淡泊。这种清冷与淡然的意识对越窑青瓷产生了深刻的影响，并从青瓷的釉色、器型里得到很好的体现。

1. 色彩审美及寓意

我国尚青是一种普遍的文化现象，《说文解字》中这样解释："青，东方色也……从生丹，丹青之信言必然"。青色在古语中又称为素色，素色概括了越窑所崇尚的雅致、沉静与寂寥的意境，符合中国人崇尚的人类与大自然天人合一的哲学。在越窑青瓷中青色体现了自然之色，泛指一类带绿或偏绿、偏黄的蓝色，这自然本色体现在两个方面，其一是指越窑青瓷的釉料和瓷泥都来源于当地的天然资源，并根据自然环境的变化来调整烧制的温度和时间，以保证瓷器的色泽。这种对自然的尊重和把握，反映了中华传统文化中"天人合一"的思想，也是越窑青瓷文化内涵的重要特点之一。其二是指越窑青瓷所崇尚的"青"来自天空、湖水等自然之色，青色系给人以沉静、安宁之感，容易产生稳定心境，让心态趋于平和与安定的效果，符合越窑青瓷的自然色彩文化。同时，天青色为空灵之色，寓含了禅宗所提倡的释放束缚心灵的境界，符合越窑青瓷的情感色彩文化。

越窑色彩审美文化在文学作品里可见一斑。自古陶重青品，许多骚人墨客对瓷器赞誉最多的就是越窑青瓷，除了著名的陆龟蒙的诗句，还有孟郊的"蒙茗玉花尽，越瓯荷叶空"。尚青的文化氛围中，对越窑青瓷的赞美一方面可以看成对大自然的依恋，另一方面也体现出我国古代独特的审美和文化氛围。

2. 纹饰审美及寓意

越窑青瓷纹样蕴含着浙东传统文化的精髓，在千余年历史演变过程中，先民们所积淀的理想、愿望、民俗心理、审美情趣和艺术传统融合在一起，富有浓郁的乡土气息，显示出鲜明的地域特色，演绎着简约、科学、现实、美善相乐等精神特点。

越窑青瓷的日用品纹饰生动形象，早期的越窑青瓷装饰基本为几何纹样，纹样简洁而富有节奏。三国时期出现的许多动物图案，继承并创新了青铜器上的装饰，简洁生动。东晋南北朝的社会极度不稳定，随之而来的是佛教文化的兴起，代表净土的莲花纹装饰出现在瓷器上，寓意美好，花型趋于写实，舒展自然。唐代越窑青瓷的纹饰优雅精美，题材、形式及技法多样，在装饰表现上虽沿袭传统的印花、划刻花和堆塑等装饰手法，但能通过极为流利的线条在器物上刻划出一幅幅生动有趣的画面，将人物山水、花鸟鱼虫、动植物风景等装饰主题表达得淋漓尽致，体现了当时社会的政治经济的繁荣景象。到宋代，随着工艺技术的不断发展，同时受到社会审美风格的影响，越窑青瓷得到空前的发展，釉层晶莹剔透、如冰似玉，烘托着用刻划花表现的纹饰更加清晰可见，此时划花工艺成熟，纹样线条生动自然，多为对称式结构，形态优美，器皿典雅静谧，盆底很多采用均衡式构图，重心稳定、自由活泼、丰富有趣，表达出宋人雅致的审美趣味。

3. 造型审美及寓意

越窑青瓷造型姿态丰富，汲取了自然万物之灵感，创造出形态各异、极富审美蕴意的器皿。如西晋时期狮形青瓷辟邪烛台，将神话传说中的动物形象赋予了吉祥寓意。"辟邪"是中国神话中的一种神兽，龙头、马身、麟脚，形状似狮子，毛色灰白，会飞，象征着"仁"与"瑞"。"辟邪"神兽形象在青瓷中出现较多，栩栩如生的动物造型从侧面反映了人们对于战乱迁徙的厌恶和对美好生活的向往，是从世俗趣味中探索精神世界的外在表现，表达了越窑青瓷的文化特征。

（二）越窑青瓷精神特质

绍兴地处东南沿海，以丘陵和山地为主，水网密布，特殊的自然环境孕育了绍兴越族人民勤劳勇敢、百折不挠的性格。越族人民在长期与水的征战中形成了共同的信仰、文化和习惯，具有开放包容、自强进取的越民族精神，并体现在生产、生活的各个环节中。随着越窑青瓷精神特质的重新发掘，古越人在越窑青瓷的生产制作过程中所创造的物质与精神文化得以传承和发扬。

1. 努力拼搏、勇于竞争的精神

越窑是民窑，是依靠能烧制精致瓷器的窑炉、窑匠及窑工来生产出优质产品，窑场间在互相竞争的过程中不断改进，促使整个制瓷业持续发展。窑场之间的竞争使青瓷产品的质量产生差异，因此窑场主通过标上窑场地名来区别于其他产品，如"赤乌十四年（251年）会稽上虞""紫是会稽上虞""紫是鱼浦"等，一些先进的越窑窑口常常被其他窑口模仿。不同的时代越窑竞争的内容不同，如汉至西晋的越窑。窑炉的结构是否先进决定着窑场的兴衰，窑场主通过改进窑炉增加竞争力。东晋至隋唐时期，随着制窑技术的稳定，人们更加关注器物造型和装饰内容丰富性，窑匠制瓷技艺越高，竞争力越强。六朝时期越窑窑匠文化进步最为明显，此时，窑匠成为专业艺人，也就是独立的手工业劳动者，窑匠艺术及技术素养的高低成为能否生产高质量青瓷产品的关键。中唐至北宋时期，越窑崇尚烧窑工的烧制技术。此时以家庭、家族制生产经营的古代越窑，将懂得烧窑技术的传承人称为"把桩师傅"，经验丰富的"把桩师傅"能根据火候判断制窑时间，从而生产出质量上乘的青瓷产品。

2. 勤劳勇敢、自强不息的精神

青瓷的制作是一个复杂的过程，要经过多道工序，大体有取土（石）、粉碎、筛选、淘洗、陈腐、练泥、成型、晾晒、修坯、装饰、施釉、烧成等18道工序。瓷石或瓷土作为越窑青瓷的原料，由石英、长石、绢云母、高岭石等组成。窑工在对原料进行粉碎、淘洗、沉淀、练泥、陈腐等加工后，用泥条盘筑、快轮拉坯、范制、捏塑等成型方法制作坯件。碗、盘、钵、碟等小件圆器用快轮拉坯法直接成型。瓶、罐、壶等器物，用快轮拉坯法分段拉成，然后再粘接成整器。如越窑的羊形器、狮形器等，先用陶范制成两半,再粘为一体。各种实心的人像和动物等,多采用捏塑法成型。随着社会的发展,对原料的加工更加精细,并使用匣钵装烧坯件,使青瓷的釉质更细腻、纯净,釉色均匀而润泽。青瓷工艺品复杂的工序讲述着早期先民勤劳勇敢、自强不息的故事。

3. 开放包容、开拓创新的精神

随着几千年越族地域的开发,越族人民逐渐养成开放包容、开拓创新的性格,在越窑青瓷生产过程中善于学习先进技术及吸收外来文化,并在现有的基础上不断进行开发创新。

越窑青瓷的发展历史是一个不断融合文化的过程。越窑青瓷通过贸易出口至海外,对进口国的物质文化产生了一定影响,同时越窑青瓷制作中也掺杂了诸多异域文化元素。在堆塑罐上也有许多印度等西域滨海地区的胡人形象,有的或双手合十或拱手而坐,有的奏乐、舞蹈,有的杂耍。六朝时,佛教在江南广为流传,在堆塑罐、碗、钵、簋等器物上还直接贴饰佛像,南朝的越窑青瓷器上装饰的莲瓣纹,即是佛教艺术的象征。越窑制瓷工匠直接吸收了受到中亚地区直接影响的唐代金银器的造型及纹饰,在青瓷的盒、杯、碗多作花口。五代北宋时的摩羯纹形象是龙头鱼身,来自印度神话故事。上浦镇昆仑村出土的五代双虎枕面上刻划的摩羯纹,与同时代金银器鎏金银盘上的纹样是一致的。这些外来文化与越窑青瓷结合后,很快与本土文化融合,成为本土文化的一部分。

创新是民族进步的灵魂,是一个国家兴旺发达的不竭动力。青瓷文化的出现及发展离不开创新的思维,这从陶到瓷、从粗糙到精细、从简单到复杂的发展过程中得到了有力的佐证。上虞的青瓷产品种类丰富,涉及人们生活的各个领域,有饮食器、乐器、文房用具、卫生器具、照明具、丧葬用品等。各种不同种类的青瓷在当时极大地丰富了人们的物质生活，同时不断推陈出新，从纹饰上、器型上、色彩上把中国青瓷文化推向一个又一个高度。同时，青瓷文化丰富独特的民族文化符号，早年惠泽日本、朝鲜、巴基斯坦、伊朗等国人民，两宋以后，又传播到亚非欧，风靡全世界，促进了当时经济的发展。

二、越窑青瓷精神文化的叙事分析

作为越窑青瓷文化深层内容的无形的精神文化，通过文创产品这个载体走进人们的内心世界，产生心灵的震撼和得到精神的满足。越窑青瓷精神文化资源的梳理，为叙事设计提供了精神文化内容，根据理解精神文化内涵及特点，确立叙事主题并运用叙事思维进行叙述情景的转化，以表达越窑青瓷文化内涵。越窑青瓷精神文化资源叙事性分析与叙事设计的结合点分析见表7-3。

表7-3　越窑青瓷精神文化资源叙事性分析

越窑青瓷精神文化	内容及特点	叙事设计结合点
青瓷文化的审美	1.色彩、纹饰及造型审美 2.形成典雅静谧、安静与雅致、沉静与寂寥、空灵、生动自然等精神感知	准确理解审美内涵象征，营造相应的叙事场景，并根据场景设置故事情节
青瓷文化的精神特征	青瓷文化集聚着努力拼搏、勇于竞争的精神。青瓷文化集聚着勤劳勇敢、自强不息的精神。青瓷文化集聚着开放包容、开拓创新的精神	精神文化内涵象征通过情节设置转译到文创产品设计

第八章 绍兴越窑青瓷在布艺文创产品中的叙事化设计实践

第一节　绍兴地域布艺文创产品现状

绍兴文脉绵长、文旅资源丰富，被誉为"没有围墙的博物馆"。近年来，绍兴加快文化产业要素集聚，把传统文化的符号和理念融入文创产业，推动构建时尚智造链、养生休闲链、国学文化链、水乡民俗链、特色工艺链五大文创产业链群，越来越多的创意化、时尚化、个性化的文化创意产品问世，形成了独特的市场竞争力。如在2019年，《绍兴文创大走廊三年行动计划（2019—2021）》正式出炉，标志着绍兴文创进入实质性建设阶段，旨在"重塑城市文化体系"。三年来，绍兴开启了文化产业集群发展的新时代，将绍兴的山水、人物、黄酒、书法、戏剧、青瓷等文化中融入时尚因子。在物质文化方面，"兰亭的故事"系列文创产品兼具实用性与艺术性，采用叙事手法讲述兰亭的故事，通过冰箱贴、茶具等产品让消费者体会到"兰亭"及绍兴文化。在精神文化方面，"一脉心学彰自信，一盏心灯耀古城"。王阳明思想中的核心部分——"心即是理""致良知""知行合一"对于塑造我们的精神世界具有重要的意义。通过叙述王阳明的故事来开发系列文创产品，从而关注心学的思想。在行为文化方面，绍兴市文化旅游集团依托徐渭名人IP，开发青藤系列文化产品，通过对徐渭书画的符号意义、美学特征、人文精神、文化元素的深度解读和重构，打造服饰产品、家居装饰等多类别的百余款产品。

随着绍兴地域文化下的文创产品不断呈现，加强品牌意识建设为绍兴文创产品的发展奠定了基础。如绍兴大禹纪念馆打造"禹见·大禹陵"文创品牌传承绍兴历史文脉，打造具有创新性、文化性及市场性的IP。纪念馆通过对大禹陵与大禹文化的叙事梳理，设置叙事情节，并对情节进行转换，结合产品的不同用途表达设计语言，以符合不同年龄及不同个性的消费者的消费需求，在产品设计中体现个性化、多样化需求。如其中的"神兽有灵"系列来源于大禹陵神道两侧的十二神兽形象，传说中十二神兽曾帮助大禹治水，留下了不少动人的故事，这些故事作为叙事文本的母题，进行一系列的设计。为使"禹见·大禹陵"文创产品能够更好地承担起传播大禹形象的使命和任务，纪念馆在深入探研大禹文化的基础上，结合不同群体的消费意愿将产品分为三大类：对于年轻的消费群体，主要有具有纪念性、便携性、趣味性的小饰品或主题产品，如神兽有灵试管拼图、神兽有灵徽章等；针对较为理性、注重实用性的消费群体，以具有生活化、实用型的系列产品为主，如神兽有灵帆布包、神兽有灵笔袋等；对于少数高消费群体，强调艺术性、工艺性的产品，如"千古禹风·文房礼遇"黑檀礼盒、缵禹之绪系列越窑青瓷杯等。

第二节　越窑青瓷及布艺文创产品设计调研分析

产品设计最终需要满足消费者的各项需求，得到市场的认可，因此明确消费者的要求和对产品的期望，必须和消费者产生互动、理解消费者的体验和感官感受。在物质高度丰盈的时代,消费者对产品情感的吸引力很多时候超出了对其使用价值的体验。而通过调研能较准确地获取这些消费者的具体消费意愿。

通过调研,研究消费者、产品与设计关联的信息,充分了解消费者的认知、喜好及消费习惯,可以用于识别和定义产品市场问题及方向,制定产品设计方向,并增加产品被消费者认可并接受的机会,调研设置了解决设计过程中遇到的问题所需的信息,设计了收集信息的方法,通过数据收集整理,分析结果,根据调研结果进行针对性的产品设计。问卷内容主要包含消费者基本信息、消费者对文创产品及绍兴地域文化的认识、消费者获取产品信息的渠道、消费者产品选择标准、消费者使用产品习惯等多个层面。其中,基本信息部分包括消费者的性别、年龄、收入、受教育程度等;消费者对文创产品及绍兴地域文化的认识包括对绍兴地域文化的了解程度及了解渠道,对文创产品的购买意愿及购买渠道,对于纺织布艺类文创产品会考虑哪些因素,倾向于选择哪种类型的产品等;消费者获取产品信息的渠道包括书本、网络直播、旅游、亲友介绍等;消费者产品选择标准包括风格、价格、色彩、用途等;消费者使用产品习惯包括实用、情感陪伴等。另外,还包括绍兴地域文化创意产品目前存在的问题、对绍兴地域文化创意产品的建议等,并对调研数据进行整理分析,作为产品设计的基础。

调研共派发问卷调查 300 份,符合要求 276 份。为了确保问卷结果的有效性和代表性,调研问卷采用随机抽样的方式。从调查人群性别及年龄的统计结果来看,受调查人群中女性数量相对较多,男女占比分别为 41.20%、58.80%。在年龄结构上,18 岁以下的受调查人员占 9.23%,

18~30 岁的人群占 60.20%，30~45 岁的占 15.36%，45~60 岁的占 9.63%，60 岁以上的占 5.58%。从数据中得出女性参与度较高，也从侧面反映出女性对文创产品的关注度比男性更高。从年龄上可以看出 18~30 岁年龄段居多，可以判断此年龄段人群相对具有购买的意愿。同时，对于受调查人群中的职业，事业机关及专业人员占 41.5%，自由职业者占 25.2%，服务人员占 26.67%，学生占 6.63%。不同人群的受教育程度中专/高中以下、专科、本科、硕士研究生及以上分别占比为 7.72%、11.87%、68.62%、11.78%。不同人群的年收入调查结果为 5 万~10 万元占比 16.34%，10 万~20 万元占 58.36%，20 万~50 万元占 23.21%，50 万元以上占比 2.09%。

通过调研问卷数据结果可知，绍兴作为一座文化古城，享誉全国，对于绍兴文化及绍兴越窑青瓷文化，其中 78.60% 的受访者表示曾经来过绍兴旅游，并对绍兴地域文化有一定的了解，21.40% 的受访者表示没有到过绍兴旅游，但是从传统文化、书籍、网络及朋友等方面得到有关绍兴地域文化信息。对于绍兴越窑青瓷文化 25.30% 的受访者有所了解，但并不具体，62.00% 的受访者表示对越窑青瓷和绍兴文化之间的联系不清楚。说明对于消费者而言绍兴是旅游胜地，具有很大的吸引力，但是对于绍兴越窑青瓷文化缺乏相应的认识，说明越窑青瓷的影响力不够，缺乏宣传。因此，作为绍兴传统文化的代表——越窑青瓷通过文创产品的形式传递给消费者，是消费者了解绍兴地域文化、了解越窑青瓷的有效途径。

从调查中得知，人们除了从历史传统文化知识，如绍兴名人文化等中了解绍兴以外，大多通过网络方式了解绍兴文化。这说明了网络对于文化传播的重要性，不但传播效果良好，同时节约了传播成本。网络传播方式有直播、短视频等。

调查数据显示，消费者购买文创产品目的主要是日常使用、留存纪念和馈赠亲友等方面，数据占比分别为55.03%、27.02%、17.95%，馈赠中商务礼品占7.61%，其他用途占10.34%。消费者对布艺材质的产品购买行为的数据显示，服饰类占46.23%，家居类占28.06%，布艺玩偶类占20.15%，其他占5.56%。在文创产品的价格方面，问卷显示，消费者对于50元以下的文创产品消费意愿为21.3%，50~100元的消费者意愿为50.36%，100~200元的消费意愿为15.62%，200~300元的消费意愿为9.3%，而对于50元以下和300元以上的文创产品，消费意愿占比分别为25.03%和3.42%。

调查数据显示，人们对于文具类、家居纺织品类、首饰时尚类、服装服饰类、玩偶玩具类及工艺品类文创产品的购买意愿分别为9.35%、14.42%、29.76%、16.95%、27.58%和1.94%。从中发现，消费者更倾向于首饰时尚类及玩偶玩具类这两类产品，其次是家居纺织品类及服装服饰类，文具类及工艺品类的需求相对较少。

问卷调查结果显示，在地域文创产品风格选择过程中，35.14%的消费者喜欢国潮风格的文创产品，而喜欢可爱卡通形象风格的文创产品占30.43%，20.63%的消费者认为优雅端庄的风范更适合，10.32%的消费者认为产品中的复古神秘风格比较吸引他，关于黑暗科技风格的产品占3.48%。由此可见，时尚化、个性化的国潮风格及卡通形象受消费者喜欢的占比较大，设计师在产品设计中应结合消费意愿选择设计更受欢迎的风格。

调查数据显示，消费者购买地域文创产品时考虑的因素主要有使用价值、纪念价值、创意价值、文化价值等方面，分别占26.5%、20.25%、32.12%、21.13%。从中得出，设计师设计重点需要以创意为主，同时考虑产品的实用性、文化性等，以满足消费者的多方面需求。

在文创产品设计过程中，色彩占据着极其重要的地位。在问卷中设计了一项调研消费者的色彩喜好倾向，调查问卷结果显示，18.76%消费者对粉色系情有独钟，喜欢优雅的中性色调的消费者占27.05%，38.08%的消费者喜欢热烈温暖的暖色调，16.11%的消费者喜欢宁静的冷色调。从中可以了解消费者对色彩的需求，然而色彩不是单独存在的，所以在设计过程中应结合产品的材质、造型及流行趋势进行综合考虑，才能体现色彩的最终效果。

关于目前地域文创产品存在的问题，消费者认为有以下几点：认为有同质化现象的占42.82%，说明产品类同的现象比较严重，在不同的地域出现同类产品，缺乏创新，地域文化的特色没有体现；认为文化内涵缺乏占42.66%；认为做工粗糙占22.82%；认为价格不合理占26.05%。近年来，国家大力支持文创产品开发，绍兴地域文创产品也得到了较大的发展，但仍然缺乏高品质的文创产品，缺乏具有代表性的文创品牌，价格和设计创意及质量没有很好衔接。因此，在进行地域文创产品设计实践时，应结合消费者的综合需求进行产品设计，使文创产品兼具文化性、艺术性及实用性。

综上所述，总结绍兴地域文创产品的设计方向：其一，强化地域文化识别度，在物质文化日益丰富的社会，消费者更注重地域文化视觉特征，产品设计中加强地域文化的视觉冲击力，使产品容易被发现和识别、记忆，从而吸引消费者，结合叙事方式和消费者产生互动，实现地域文化的传播传承。其二，增加产品使用体验。一方面，强调原创性。新颖的、独特的、个性化的设计符合审美趋势及时代潮流，能唤起消费者的情绪、感觉等，满足消费者的精神需求。另一方面，实用性设计过程中强调人性化的设计，具体表现为易用性、易携带并携带舒适等。其三，地域文创产品的品牌化设计。具有个性化和象征性的产品自己会说话，引发消费者的信任。通过打造产品品牌，使产品风格鲜明，与产品文化内涵相一致，拥有自己的价值主张，向目标受众明确表达文化信息，从而实现文化价值的提升。

第三节　设计构思

一、设计定位

通过市场调研分析对布艺文创产品进行设计定位，从三个方面进行，第一是从文化内容进行定位，在绍兴庞大的越窑青瓷文化中确定具体的文化内容，深入研究这部分内容的特征，运用叙事方式进行故事的发掘、展现及表达。第二是消费者定位，将消费者进行分类，根据消费者的需求确定目标消费群。第三是产品定位，根据消费者需求确定产品风格、功能、类别、价格等。

（一）文化定位

前期已经对越窑青瓷文化进行分类概括阐述，越窑青瓷丰富的物质文化、行为文化及精神文化中存在多样化的形态、独特的色彩意境以及各种具有吉祥美好寓意的事物，在众多的越窑文化中选取具有代表性并能符合时代潮流满足现代市场需求的文化形态。文化定位目标有二：一是传承，越窑青瓷作为物质文化遗产，设计师通过文创产品的形式对其进行传承与弘扬。二是创新，根据消费者需求在产品形态、色彩、工艺、意境、纹样等方面进行创新，使文创产品具有实用功能基础上体现文化性，满足消费者多方面的需求。

（二）消费者定位

产品设计建立在消费者需求的基础之上，消费者定位是指对产品潜在的消费群体进行定位，根据消费者的心理及消费动机，明确其不同的需求并给予满足，这个定位是多方面进行的，如消费者的性别、年龄、职业、收入、喜好等。问卷调研数据显示分析，确定目标消费群体为对文创产品有购买意愿的人群年龄18~40岁，女性，受过良好的教育，具有一定的消费能力，对审美与时尚有自己的理解，热爱生活。

（三）产品定位

1. 产品类型及功能

在开启设计实践前需准确把握设计方向，明确产品类型及其功能。布艺文创产品设计结合市场调研结果，对产品类型进行定位。结合消费者购买意愿确定三大类产品：第一大类为服饰类，如丝巾、头巾、围巾、帽子、领带、口罩、眼罩以及帆布包、化妆包等；第二大类为家居纺织品类，如抱枕、桌旗、茶垫等；第三类为布艺玩偶类，较受年轻人喜欢。服装服饰及家居纺织产品在人们生活中占据着十分重要的地位，既是必需品，也是消耗品，同时还发挥着一定的装饰作用，兼具艺术性与实用性。

2. 风格定位

不同的设计风格决定了产品的造型、色彩及纹样等的不同，从问卷调研结果可以得知，消费者喜欢的风格为国潮风格和可爱卡通风格，结合越窑青瓷文化内容确定设计风格为国潮风格、卡通风格及优雅风格系列，符合现代社会产品整体流行趋势同时,还满足了消费者对产品的风格需求。

3. 价格定位

价格是能否让消费者进行消费的重要环节,产品价格应与产品价值对等,而价值的体现表现在多个方面,如产品的设计、制作工艺、产品材质等。同时,产品的设计、工艺及材质等也决定了价格的高低。根据调研结果,结合当代人们消费意愿,将越窑青瓷文创产品的价格根据不同的消费群体设定在20~300元,以满足更多消费者的购买需求。

二、叙事主题选取

根据越窑青瓷文化探究及对其物质文化、行为文化及精神文化的梳理,分析越窑青瓷文化与叙事的结合点,将越窑青瓷叙事主题从物质、行为、精神三个方面入手,同时运用叙事的形式对这三个方面内容进行故事编排,结合具体设计定位,从文化性、实用性、纪念性、艺术性四个方面,选取合适的青瓷文化内容。经过大量资料的筛选,实践设计选取经典的越窑青瓷羊和越窑青瓷鸟文化作为叙事主要方向,结合现代流行文化思潮及设计语言,进行主题性布艺文创产品设计。

(一)越窑青瓷羊

对青瓷羊形态进行分析并提取其具有代表性的特征进行IP"羊羊"形象的创建。根据原型特征赋予IP不同的性格特征,并以此作为叙事载体,设计叙事情节,通过叙事内容创造衍生文创产品,向消费者传递越窑青瓷从古至今的历史文化信息,从整体上塑造绍兴地域越窑青瓷文化形象,实现越窑青瓷文化的传承与发展。

自古以来,羊作为瑞兽寓意着吉祥,东汉许慎《说文解字》中便说:"羊,祥也。"早在先秦时期青铜器和汉代瓦当上就出现了"吉羊"的字样。具有实用美学的特征，即所谓"羊大为美"。羊是一种本性驯顺的动物，自出生起，便知"跪乳"，是温顺谦卑的象征。因而在青瓷中的羊形大多为跪形，三国两晋南北朝时期，以羊为造型的青釉瓷器数量众多、制作精良，形体头大颈粗，双角绕耳弯曲，羊昂首张口、身体肥硕，呈跪伏羊形，腹部两侧刻划飞翼，通过这种夸张的造型，体现了羊的"吉祥"与"美好"。如三国吴时期的青瓷羊形器烛台，造型设计巧妙，装饰手法夸张醒目，其形态安详、温驯可爱。羊呈俯卧状，身躯肥壮，四足卷曲于腹下，昂首双目远望，双角后卷，脊背长毛分披，额下有须，头顶开一圈孔以供插烛。通体施青釉，青釉绿中微微泛黄，四腿弯膝着地处无釉，腹部两侧刻划羽翼，臀部帖服短尾。西晋时期的越窑青瓷羊形器的造型与三国时期相似，青瓷羊大而雄壮，同时还有相对中等体型和略小器型。到东晋时，越窑等窑口烧制的青瓷羊形器变得更小，长度仅为三国越窑青瓷羊形器的二分之一左右，这类羊形器虽无肥胖特征，但它们体态温顺、线条优雅、姿态优美。羊形器代表了一个时代的社会风尚，更是越窑青瓷文化传承的体现。

从众多的越窑青瓷羊形器里选择现藏绍兴博物馆的东晋时期越窑青瓷羊作为设计元素。1973年绍兴县福全镇劳家坞村出土，通高14.3厘米，长14.5厘米。器皿胎质灰白，釉色青灰，莹润光亮。青瓷羊躯体肥壮，大头短颈，头顶镂一小圆孔，卷毛张口，四肢蜷曲作跪卧状，形态温顺谦卑。羊身饰疏密相间而又对称的线条纹和卷毛纹，深浅层次分明，雕刻生动有力，羊后正中隆起一鸡心形，上饰人字条纹，代表羊尾。整座造型优雅生动、形体健美、神态安详。对IP"羊羊"性格形象设计为温和谦卑而可爱。

（二）越窑青瓷鸟

1. 物质文化

越窑青瓷上的鸟图纹式对其他窑口器皿的造型及纹饰发展具有深远的影响，是中国传统文化中的一朵奇葩。绍兴地域内大小江河纵横交错，水库湖泊星罗棋布，四季分明，植被茂盛的天然环境，使这里成为各种鸟类栖息的乐园，据不完全统计，候鸟、留鸟达二百多种。在崇拜太阳的远古人们心里，把在天空自由翱翔的鸟神化并当作部落图腾，由此在青瓷上创造出各种不同的鸟形态。在越窑青瓷产品中，既有单独的鸟，也有群鸟。既有鸟形态纹饰，也有鸟和器皿相结合。还有鸟与其他形象结合的纹饰，如鸟与云朵、水波、花草组合在一起，在北宋初越窑青瓷上有"四鸟绕日"这样的题材应用，纹饰中又添加花草纹，直观表达了自然界万物生长与太阳的关系。

单独的鸟形器：越窑青瓷中把动物整体塑造成一个器型是常用技法，实用性与工艺美结合在一起。如现藏于慈溪市博物馆的唐代越瓷鸟形器，身肥圆，头尾偏小，背上划有翅膀，腹部及两侧有圆孔，造型敦厚朴实。又如现藏于绍兴越国文化博物馆的五代越瓷凤凰雕塑盒，工艺精细，凤鸟形神兼备，寓意吉祥。

鸟形与瓷器组合：在青瓷器具的局部如壁侧、顶部或内部塑有不同数量的鸟形态进行组合装饰，使器具更具欣赏价值。有单鸟组合的器皿，器物中鸟造型优美、生动活泼、稚趣可爱。有对鸟组合的器皿，如藏于南京博物院的西晋越瓷水盂双鸟钮，此越瓷为文房用具，水盂顶作双鸟，盖伞状，相对交喙为钮，双翅展开下覆，尾羽与双翅刻划数道线纹，双鸟造型与器皿功能完美结合。有群鸟与器皿的组合，如三国越瓷罐上堆塑鸟群，瓷罐上部及罐口布满向上的群鸟，姿态各异，形象生动。

鸟形态的纹饰：鸟的形象也常常用作装饰来美化器物，在越窑青瓷中使用比较普遍，常出现的品种有神鸟凤凰、鹦鹉、鸳鸯、鸿雁、孔雀、鸽子、燕子、寿带鸟、鹤、鹰、雀等。鸟纹形象早在新石器时代出土的陶器上就有出现，西周至战国时期原始青釉瓷上也出现鸟的形，这种鸟形也可以说是凤的早期雏形，汉至六朝，鸟演变为朱雀、鸾鸟、赤鸟、鹏等各种神鸟，形象多变。其中，朱雀形态与凤凰类似，在越窑青瓷鸟形纹中非常具有艺术价值。唐代，凤纹开始普遍出现在瓷器上，到了宋代，凤的形象越来越明显。鸟形纹饰既有单独出现，也有结合植物出现，造型各异，构图疏密得当、自由活泼。如北宋初越瓷凤凰纹，两只凤凰相对设置，沿着壁底展翅飞翔，形体围绕中心穿插自如，并以长短不一线条进行整体装饰，线条纤细流畅、形象生动。又如北宋越瓷双鹰纹，布局格式与此相类似。

鸟形与植物组合。北宋时期的审美受当时宫廷花鸟画的影响，在注重写实的同时，亦讲究图案的形式美法则，如对称、均衡、统一、变化等。如北宋越瓷鹦鹉纹在盘旋的鸟纹外圈设计卷草纹，纹样舒展。北宋初越瓷展翅鸳鸯纹，采用对称的手法，两只鸳鸯相对而立，中心卷草纹呈几何化，纹样简洁而富有变化。南宋越瓷鸿雁纹，采用均衡的设计手法，三只鸿雁绕花心而飞行，花与鸟纹面积相似，纹样统一协调。其他如北宋越瓷寿带鸟纹、北宋越瓷模印四鸟绕日、北宋初越瓷双鹤纹、北宋初越瓷云鹤纹、北宋初越瓷麻雀、北宋越瓷花间双雀纹、北宋越瓷鹦鹉纹、北宋初越瓷盒盖鸿雁纹、北宋初越地盒盖云雁纹、北宋初越瓷鸳鸯荷花纹、鸟纹与其他各种植物纹、几何纹、云纹组合进行设计。对青瓷鸟纹物质文化进行梳理并提取，根据形态特征进行故事编排及情节设置。

2. 行为文化

在鸟纹的装饰工艺上手法多样，有雕塑、刻划、模印、镂空等技法。不同的时代工艺及装饰手法有所不同，如在六朝时期以雕塑为主，有整体雕塑、局部贴塑等。唐代中晚期，鸟纹造型开始应用线条刻划并逐渐成为主要装饰手法，纹饰线条粗犷，形象简洁而生动。而到五代北宋初，越窑青瓷上鸟纹图案繁复、形象优美，使用大量精细的刻划线条，纹饰形神具备，釉色清雅，尽显越窑青瓷的文化内涵。整理鸟纹装饰工艺雕塑、刻划、模印、镂空技艺的情景进行叙事设计，展示青瓷的行为文化。

3. 精神文化

在越窑青瓷中，鸟类题材的越窑青瓷出现最多，为设计提供了丰富的精神文化资源。远古时代，鸟被当作人类与太阳沟通的神灵，部落的庇护神，鸟的形象也常常转化为部落图腾，具有不同的象征，被人们赋予了很多不同的含义，形成了独特的鸟文化。如凤凰尊为"百鸟之王"象征着富贵；鹤被称为"一鸟之下，万鸟之上"的"一品鸟"，寓意长寿幸福；孔雀代表祥瑞之兆，是"祥瑞鸟"；鸿鹄代表志存高远的"励志鸟"；鸳鸯是代表夫妻、情侣不离不弃的"爱情鸟"；喜鹊是"闻鹊声，皆为喜兆"的"报喜鸟"；绶带鸟为"长寿之鸟"；等等。这些鸟的形象表现在越窑青瓷中传达了人们对美好生活的向往，如魏晋六朝时期，青鸟酒具的流行起源与当时人们厌恶战乱不止的社会背景有关，人们通过艺术表现渴望摆脱凡尘、逃避现实；魏晋玄学及老庄思想的流行，表达了知识阶层不愿与统治者合流的想法，"出世"思想被士阶层奉行，这种思潮反映在越窑青瓷上，推动了青鸟酒具的流行，人们渴望在饮酒后生长出羽翼，逃离到仙界中，与翩翩起舞的神仙为伍。对青瓷鸟纹中体现出来的自由不屈和向往美好生活的精神文化进行叙事并展开设计。

4.越窑青瓷鸟纹变化特征

青瓷上鸟纹的变化体现了青瓷的发展进程。鸟纹造型经历了前期的简洁、概括、质朴，到宋代的细腻、繁复、优雅，再到南宋消亡时期的形象单一、呆板，见证了越窑青瓷的兴盛和没落。西汉时期，原始瓷壶特征主要表现为多头连体鸟纹，用极简的方式呈现了群鸟的效果，极富有装饰性。三国时期，堆塑罐盛行，鸟纹造型质朴浑厚。魏晋时期，鸟纹延续了简洁的装饰手法，以鸽子最为多见。南朝越窑刻划花鸟纹盘中的鸟纹极好地体现了纹样的形式美。唐代时期的鸟纹逐渐姿态优美，翎羽装饰极具质感，种类增多，出现了凤纹。北宋时期的鸟纹无论是在品类上还是装饰上都极其丰富，造型自然逼真，线条流畅，装饰繁复，神态优美，此时，越窑青瓷鸟文化发展到了最高峰。南宋时期，随着越窑青瓷的逐渐没落，鸟纹重新偏向简洁、单一的风格。表 8-1 对不同历史时期的鸟纹特征及形态进行了梳理，直观地介绍了越窑青瓷鸟纹的造型发展变化，为叙事主题内容的确定整理了素材。

表8-1　不同历史时期的越窑青瓷鸟纹

历史时期	青瓷	鸟纹特征	鸟纹提取
西汉		西汉原始瓷壶：多头连体鸟纹，形象概括，鸟身相连鸟头朝向不同方向，身上有密点加以装饰，翅膀有多道翎羽	
三国		三国越瓷鸮形罐：罐盖形似鸮头部，罐身上部层叠的三角形似鸮身上的羽毛，有数道长形翎羽位于罐身两侧	
三国		三国越瓷堆塑罐：罐口塑有群鸟，昂首向上，双翅展开，形似鸽子，翅膀及尾部有数道均匀翎羽	

布艺上的越窑青瓷——基于叙事思维下的地域文创产品设计

续表

历史时期	青瓷	鸟纹特征	鸟纹提取
西晋		西晋越瓷双鸟钮水盂：立体双鸟面对面紧贴，翅膀及尾部展开覆盖罐盖，上有数道均匀翎羽	
东晋		东晋越瓷飞鸟灯盏：鸟立于灯盏中心，展翅头微仰，翅上刻划线条	
南朝		南朝越窑刻划花鸟纹盘：数个多头连体鸟纹环绕圆心，圆点代表鸟的眼睛，眼睛周边布满翎羽	
唐朝		唐代越瓷飞鸟纹：头、翅膀及尾部寥寥数笔，栩栩如生	
唐朝		唐代越瓷飞燕纹：双翅对称展开，多道弧线与直线表现翎羽与鸟尾	
		唐代越瓷盒盖凤纹：羽毛的表现方式变得丰富，有鱼鳞状羽毛、规律的小短线羽毛及弧线羽毛	
五代		五代越瓷凤凰雕塑盒：头冠部刻划细致，翅膀两排均匀竖线及尾部层叠菱形使鸟形羽翼丰满	
北宋		北宋初越瓷凤凰纹：两只凤凰绕日并首尾相接，长短不一但排列有序的曲线极富韵律，尾部自然卷曲	
		北宋越瓷模印四鸟绕日：四只凤凰绕日并首尾相接，数排花蕊状翎羽，和卷草纹融为一体	
		北宋越瓷镂空凤纹：立体镂空工艺，翎羽表现统一，层叠卷曲	

134

续表

历史时期	青瓷	鸟纹特征	鸟纹提取
北宋		北宋初越瓷双鹤纹：双鹤神态自然，刻划细密线翎羽，周边环绕均匀卷草纹	
		北宋初越瓷云鹤纹：云纹上鹤展翅飞翔，身体、翅膀及尾部刻划不同方向的短弧线表现不同形态的羽毛	
		北宋初越瓷孔雀纹：孔雀刻划生动自然，翎羽变化丰富，极具装饰感	
		北宋越瓷盒盖浮雕孔雀纹：将自然界的云朵、花卉融合在孔雀的翅膀及尾巴中，突破了设计手法	
		北宋越瓷花间双雀纹：双雀的表现手法与花卉统一，趋于自然	
		北宋初越瓷麻雀纹：麻雀通身为短线条翎羽，造型趋小，相较植物纹样面积较大，形成对比	
		北宋越瓷鹦鹉纹：首尾相接，长羽，冠羽同周围植物形成呼应	
		北宋初越瓷盒盖鸿雁纹：两鸿雁引颈相对而飞，翅膀与尾部相连成扇形	
		北宋初越瓷盒盖云雁纹：云朵和引颈大雁相环而接，翅膀及尾部刻划细直线	
		北宋越瓷鸳鸯形器：张嘴鸳鸯，小漩涡圈表现绒毛，翎羽使用均匀的竖线	

135

续表

历史时期	青瓷	鸟纹特征	鸟纹提取
北宋		北宋初越瓷鸳鸯荷花纹：鸳鸯形态较小处于荷花丛中，荷叶、枝干及荷花三角形对称环绕鸳鸯	
		北宋初越瓷盒盖交颈鸳鸯纹：交颈鸳鸯采用对称形式，造型与四周花叶造型相协调	
		北宋初越瓷展翅鸳鸯纹：两只鸳鸯展翅相对而立，采用对称形式，环绕藤蔓	
		北宋越瓷脉枕绶带鸟纹：绶带鸟尾羽细长，穿梭在花叶中，整体使用卷曲线	
		北宋越瓷绶带鸟纹：三条细长线代表尾羽，展翅引颈，姿态生动	
		北宋越瓷双鹰纹：双鹰展翅相对而飞，翅膀相接成圆形，翎羽采用不同方向的短线排列	
南宋		南宋越瓷飞鸟纹：划画花鸟采用自然线型，表现轻松	
		南宋越瓷鸿雁纹：线条简单，表现单一	

（三）主题的确立

通过对越窑青瓷羊及越窑青瓷鸟文化的梳理，将两者结合作为叙事设计主题方向，并根据青瓷鸟文化的物质文化、行为文化及精神文化内容运用叙事思维就那些叙事情节有效展开设计。本次设计实践围绕越窑青瓷羊和越窑青瓷鸟文化展开，同时结合文创流行趋势——"国潮"。"国潮"是指具有中国特色的优秀传统文化的现代演绎，属于一个小众概念。在互联网时代，随着大众对国潮的认识日益深化，尤其是年轻"后浪"对中国传统文化的认同感日益提升，"国潮"成了年轻人竞相追捧的潮流。文创产品与国潮流行趋势的结合深受当代年轻人的喜欢，各地纷纷推出具有本地域特色的国潮文创产品，在实现文化传承与传播的同时带动关联产业，促进区域经济发展。综合以上研究，将叙事设计主题命名为"穿越"，主要通过 IP 形象羊羊的拟人化设计对越窑青瓷鸟文化进行探索。讲述了羊羊在探索越窑青瓷发展历史过程中对青瓷中的鸟纹饰产生兴趣，运用叙述形式了解越窑青瓷中不同历史阶段鸟纹的变化，从而形成叙事内容。通过情节的设置及表现，将越窑传统文化融入创新设计，并转化为相应的文创产品，实现传统文化的传承与发展。

三、叙事模式

设计通常可以选用一物对多事的叙事模式。以主题"穿越"为设计线索，以 IP 形象"羊羊"为一物展开多个叙事情节进行文创产品设计，对越窑青瓷鸟纹的物质文化、行为文化及精神文化进行具体分析，形成一物对多事的叙事方式。其一，通过对越窑青瓷鸟纹造型、结构形式等物质文化进行梳理分析，以形态及形式转化的叙事方式进行物质文化主题类文创产品设计。其二，通过研究越窑青瓷中鸟纹制作不同工艺手法，深入挖掘青瓷制作和使用场景，以行为转换的叙事方式进行文创产品设计。其三，通过挖掘越窑青瓷中堆塑罐的群鸟精神，强调突破禁锢奋勇向前追求美好生活的精神，通过意念转换融入叙事设计。本次叙事方式选取自然主题类开展设计实践，文创产品类型包括服装服饰类、家用纺织品类及玩偶装饰类等。

四、故事挖掘

根据叙事主题结合叙事内容进行故事挖掘，使 IP"羊羊"人物形象与青瓷的鸟文化产生联系，结合时代特征构建具有文化内涵的故事"穿越"。故事叙述的是温和活泼的羊羊出于对绍兴越窑青瓷传统文化的热爱，特别是对青瓷中鸟纹文化的好奇，对越窑青瓷鸟纹开展探究，开启青瓷鸟纹文化之旅，针对不同时期的鸟纹进行解读，从远古时代一路穿越直至宋代，叙述了越窑青瓷鸟纹文化的发展及变化，为消费者展开了一幅幅生动的鸟纹故事画面。

五、叙事元素设计转化手法

在叙事主题、叙事故事挖掘、叙事情节设置都已经明确的前提下，进行叙事表达即具体的风格造型、组织构成及色彩设计。在叙事思维的引导下，分析布艺文创产品的设计手法，结合运用艺术设计三个常规设计手法，即造型设计手法、组织构成方法及色彩设计方法。根据市场调研，确定文创产品的品类，主要包括 T 恤、丝巾、帽子、帆布包、眼罩、徽章、靠垫、鼠标垫、桌布、笔套、玩偶等。这类产品的设计除了玩偶类以外，其他主要集中在平面纹样的表现，包括纹样造型、组织结构、色彩搭配及工艺选择等，因此，设计元素的转化手法以平面形态的形式进行。平面形态的设计遵循平面构成法则，同时，平面构成法则也是产品造型、组织构成及色彩设计中设计师需要遵循的重要法则。平面构成法则包括变化与统一、对称与平衡、面积与比例、对比与协调、节奏与韵律等，在设计中综合运用重复、对称、发散、特异、聚散、对比、近似、韵律、组合及变异等构成规则。在叙事设计思维中，构成法则的运用使产品更加具有创意性。

（一）造型方法

归纳提炼造型。根据设定的情节，在表达过程中需要对灵感素材进行归纳和提炼处理。分析素材的形象特征，保留典型的能体现主题思想的精髓，去除影响主题的内容，使形态更为自然简洁。在此基础上，结合现代审美对提炼出来的形象进行归纳简化处理，突出主体动态，使形象更加简洁明了，同时也更易于赋予传统青瓷所代表的文化内涵。一方面，这种手法巧妙地诠释了主题中的典型元素，独具美感。另一方面，由于形象简洁，工艺手段不受限制，可运用刺绣、印染等多种工艺。

解构重组。解构重组是创新设计的另一种说法，解构是指设计师在不破坏事物基本特征的前提下将原来的结构进行分解；重组是指设计师将分解后的各部分进行重组创作而产生新的形象。在这个过程中结合现代流行及审美标准，将不同的元素根据某一相同的审美要素组合在一起，既保留原有纹样的典型特征，又融入流行趋势使之具有现代时尚感，呈现出有别于原来事物的新审美形式，以满足现代消费者审美及市场需求。如图8-1所示，故宫艺想焕彩谐趣丝巾纹样设计灵感来源于故宫藻井和清代宫廷花鸟画家余樨《花鸟图》中的"喜鹊登枝"纹样。将藻井图案进行解构，提取图案的主要横杠形态进行重新组织，以线条的虚实粗细及空间的处理形成的几何新形态作为纹样底纹，同时将《花鸟图》中的鸟、花枝进行解构并重组，作为浮纹穿插在几何图形上，丝巾设计将藻井的严谨与花鸟的自由融合在一起。

布艺上的越窑青瓷——基于叙事思维下的地域文创产品设计

图8-1　艺想焕彩谐趣丝巾

　　置换元素构成创新设计。置换是创意设计最常用的方法之一，是在保持物体视觉特征的基础上，用其他形状替换物体中的某一部分或全部，形成创意性的组合形式。设计师通过大胆想象与创造，使图形产生形态上的变异和意念上的变化，赋予其新的含义，形成新的视觉形象，从而吸引消费者的注意，满足受众的心理需求。由于部分或整体元素的巧妙置换，不仅形成了视觉上的刺激，更让受众产生了丰富的联想。置换包括形的置换、色彩置换、肌理置换、位置置换等。

　　传统文化中的越窑青瓷鸟文化具有鲜明的时代特征，在叙事设计过程中融入现代流行元素进行不同方式的造型变化，使其符合现代消费者的审美意趣。归纳提炼、解构重组、元素置换这几种常见的造型方式在文创产品设计中同样适用，造型方法结合叙事情节进行叙事表达转换是产品创新设计的有效途径。

（二）组织构成方法

　　叙事设计思维下的产品设计组织构成一般以单独纹样和适合纹样为主。其中，单独纹样以独幅故事式构成为主。独幅故事式纹样是独立存在的完整纹样，纹样结构严谨。这种纹样作为一个完整的纹样一般单独用作装饰，常常用于外形自由的产品如T恤、帽子、帆布包等。作为图案的最基本形式，独幅故事式纹样根据结构形式可分为对称式和均衡式。对称式指有中轴线并且两边的纹样造型、色彩完全相同或总体相同，图案结构工整，视觉效果稳定，纹样呈现和谐的风格，具有端庄美。均衡式又称平衡式，纹样没有对称轴或对称点，结构自由，但重心平稳，纹样穿插自如，舒展优美，风格灵活多变，形式多样。

适合纹样也是设计中重要的一种组织构成形式，是指图形布局在一定外形的轮廓中并与外形巧妙结合的纹样，去掉轮廓线后图形仍能保留完整的外形。适合纹样可归纳为几何形、自然形和人造形三种形式。常见的几何形包括方形、圆形、三角形、多边形等；自然形为梅花形、海棠形、桃形、葫芦形等自然物体的形状；人造形则指器具形、建筑形等。适合纹样在文创产品中最常应用的品类是丝巾、靠垫、桌布、地毯等。适合纹样内部结构和外形的巧妙结合使纹样具有严谨、稳定的艺术特点，形成独立的装饰美。

（三）色彩处理方法

在设计过程中，色彩处理的要点包括以下几点：其一，色彩的对比与调和。要使纹样色彩协调，必须处理好色彩统一与变化的关系，色彩的调和有多种方式，主要有面积调和、色相调和、明度调和、纯度调和等；色彩的对比也有色相对比、明度对比、纯度对比等方式。在色彩设计过程中，过度调和会使整体色彩模糊无力，而过度对比会使色彩刺眼烦躁，因此，色彩的对比与调和是一对相辅相成的矛盾统一体。在设计中协调好色彩的对比与统一以形成既活泼又统一的色彩关系是纹样设计的关键。其二，色调的形成。色调即纹样主要的色彩倾向，反映纹样所需的情感氛围，如亮色调明快，暗色调稳重，艳色调热烈，灰色调优雅。此外，还有明确色相的调子，如红色调、绿色调、黄色调、蓝色调等。确定主色调易于使各种不同的色彩包含同质要素，从而产生赏心悦目的效果。其三，色彩的主次关系。色彩的主次关系一般体现在底纹与浮纹色彩之间，浮纹作为主纹样在色彩的处理上常常需要稍强，而底纹作为次要纹样在色彩处理时稍弱，强弱的关系体现了色彩的层次感，使纹样既丰富又和谐。其四，色彩面积设计。不同形态的色彩面积、位置、大小、强弱等不同的设计会呈现不同的效果。在产品色彩设计过程中，色彩相互借用、交叉渗透，可使纹样更加协调，达到视觉上的平衡。

第四节　叙事设计实施

叙事设计中围绕叙事主题"穿越"进行情景设置是设计实践得以展开的关键环节，结合主题中的时间、事物及环境进行具体情节描述，达到"讲故事"的效果。"穿越"讲述了IP形象"羊羊"研究越窑青瓷鸟纹文化在不同历史时期呈现的不同形态，将时间、事件及环境融入故事情节，引导人们通过IP形象探索越窑青瓷鸟文化发展，故事线跨越不同历史时期展现越窑青瓷场景及鸟纹变化。从物质文化、行为文化及精神文化方面进行故事情节设置，从产品的直观视觉到产品的精神文化内涵，形成对越窑青瓷鸟纹文化的整体认识，在强调产品使用价值的同时使消费者产生情感共鸣，为消费者提供情绪价值。

一、青瓷羊形象设计及拓展设计

（一）IP形象设计

"羊羊"的形象设计是以众多的越窑青瓷国宝级青瓷羊为原型提取元素，富有代表性及情感意味。通过分析青瓷羊的特征，刻划青瓷羊的性格，设计叙事情节，通过叙事内容向消费者传递越窑青瓷羊尊的历史文化信息，实现越窑青瓷文化的传承与发展。在创建IP形象时，在造型上，分析羊尊形象，结合羊尊造型，提取其典型的特征，结合现代文化元素进行形象设计，身体以圆为主线体现形象的圆润温厚，弯曲的羊角强调了羊的特点，凝练形成越窑青瓷IP形象"羊羊"。在色彩设计上，以浅暖色表现形象的可爱、呆萌与阳光、鲜明个性。在性格设定上，结合绍兴地域"温和谦卑"的人文精神，赋予羊羊活泼而又踏实、温和而又谦卑的性格特征，体现了时代的主流价值观，对消费者进行了积极的引导。如图8-2所示，在形象拓展设计上，结合现代年轻人的审美及流行元素，进行"羊羊"形象的动态拓展设计。在当前社会，生活节奏快，人们精神压力大，俏皮可爱的形象与当代消费者渴望放松的心理需求相吻合。有趣的"羊羊"IP形象的确立，提升了越窑青瓷文化的辨识度，引起了消费者的关注并和消费者建立情感联系，加深了消费者对青瓷文化内涵的理解和认同，从而促进文化的传播，如图8-3所示。

图8-2 "羊羊"形象

图8-3　"羊羊"形象动作拓展

（二）"羊羊"形象文创产品设计

贝恩咨询公司发布的《影响未来经济的八大模式》中提到，正在兴起的疗愈悦己经济显示，在如今的高压社会中，消费者正在积极寻求获取各种情感支持，包括各类替代性陪伴方式和减压体验进行自我疗愈。布艺玩偶的造型及触觉，与消费者建立了情感联结，使消费者体会到温暖与安全，成为"疗愈经济"的一大载体。

布艺玩偶造型设计以IP形象"羊羊"为原型，整体轮廓为圆形，形态憨萌，符合消费者对外形的情感需求，色彩结合调研结果以暖色调、中性色调为主，如白色、米灰色、浅褐色等，体现布偶温和有趣的性格。采用绒布类、线圈类面料增加玩偶视觉的温度与触觉的柔软性，消费者通过羊羊布偶玩具的整体形象了解其背后的文化故事，进而实现越窑青瓷文化的传播与交流。布艺玩偶的尺寸按用途可以分为大、中、小及微型，大、中尺寸适用于居家使用，中、小尺寸适用于外出使用，如做背包装饰物等，小尺寸与微型可做挂件如钥匙扣挂件、手包上挂件等，如图8-4所示。

图8-4 "羊羊"形象的应用

以"羊羊"形象作为主体,结合越窑青瓷文化内容进行徽章设计。北宋时期注重纹饰的装饰效果,纹饰线条纤细,图案流行对称结构,如北宋越瓷模印四鸟绕日中的四鸟,对称绕日而行,展翅回首,造型优美,刻划精细,姿态自然逼真。提取鸟纹结合"羊羊"形象进行产品图案设计,故事情节设置为羊羊脚踩滑板穿越到一个个历史时期,双鸟展翅带领"羊羊"共同探索青瓷文化。徽章造型小巧、精致,采用布艺类材质并使用刺绣工艺制作徽章,色彩结合流行趋势以不同纯度的蓝、黄色为主,间隔白色,既协调又对比强烈,与叙事情节相吻合,整体形象富有个性,符合现代消费者的审美情趣。徽章制作精致,易于携带使用。羊形徽章体现了绍兴青瓷文化内涵,激发了消费者对徽章背后青瓷文化的探索欲望,可应用于帽子、服装等产品,如图8-5所示。

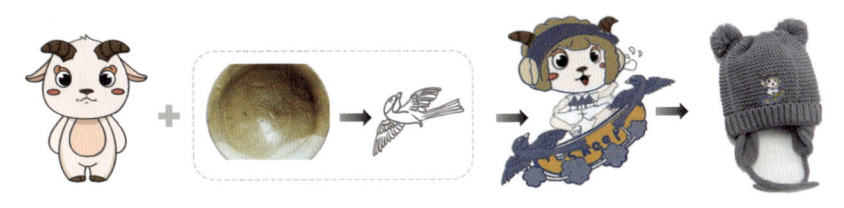

图8-5 徽章设计及应用

二、叙事设计方案展开

不同历史阶段越窑青瓷鸟纹形态特征反映了绍兴地区当时社会的经济文化发展状况，运用叙事形式对不同阶段青瓷鸟纹进行叙述，将故事场景进行转化，通过纹样的方式融入不同类型的布艺产品中，消费者通过使用产品了解其背后的文化并进行传播。

设计中故事场景的呈现按逻辑叙事方式编排，将"羊羊"形象作为故事的探索者，从认识越窑青瓷文化主题"复苏"开始，分别对青瓷鸟纹的行为文化、精神文化、物质文化三个方面展开叙述，强调了青瓷的文化内涵，并通过最后一个故事"守护"倡导传承与守护地域文化。整个叙事场景具有强烈的连贯性和较强的画面感，并实现了叙事的完整。

叙述场景分为五大部分。第一部分主题为"复苏"。故事的开始讲述越窑青瓷文化复苏与复兴，作为故事设计的开场，引导后续设计的展开，旨在将绍兴越窑青瓷文化重新带入生活。第二部分主题为"天青色"。作为越窑青瓷的行为文化部分，从青瓷制瓷场地及制瓷工艺出发，引导消费者了解越窑青瓷的制作工艺。第三部分主题为"自由"。作为越窑青瓷精神文化的体现，将青瓷鸟纹传达的自由融入现代设计中，揭示越窑青瓷的精神内涵，强调了人们对自由及美好生活的追求。第四部分主题为"绕日"。作为越窑青瓷物质文化的体现，从各个时期青瓷鸟纹文化里提取典型形态拓展系列设计。第五部分主题为"守护"。在故事的结尾，倡导人们守护地域传统文化，守护越窑青瓷文化。

（一）叙事主题1：复苏

故事讲述了越窑青瓷开始复苏。羊羊来到商周时期，在四川金沙遗址发现了金箔片上镂空刻着的"四鸟绕日"，行走在地势平坦的成都平原上，脑海中浮现出七千年前河姆渡文化中的牙器上"双鸟朝日"的刻划图形，每只鸟象征着一个季节，于春夏秋冬四季绕着太阳自由地飞翔，循环往复直到永恒。设计中，将万物复苏作为叙事中心，提取四鸟绕日中的鸟纹进行重新排列，鸟形态舒展简单，身体位于太阳中心，翅膀转化为富有节奏的曲线和太阳光线融为一体；春夏秋冬四季的代表性植物，如代表春天的桃花、代表夏天的荷花、代表秋天的菊花、代表冬天的梅花分别置于四角，寓意太阳下的万物复苏，充满着生命的力量。色彩采用了暖色调，寓意太阳、大地和万物孕育了悠久的越窑青瓷文化。构图采用中心发散形式，视觉稳定，富有形式美，如图8-6所示，可用于丝巾、手提包、抱枕等文创产品中，如图8-7所示。

图8-6 "复苏"设计

图8-7 "复苏"设计的应用

"复苏"拓展设计。系列纹样造型以太阳形为主（图8-8），寓意阳光、万物复苏、美好、圆满。图8-8右纹样造型将太阳光芒、鸟形及四季花卉进行抽象几何化处理，由内向外富有层次感。色彩体现了青瓷的特征，以高明度蓝色系为主，点缀橙色、柠檬黄、乳白，宁静中透着生气。图8-8左纹样造型中，太阳光芒、四季花卉、鸟儿羽毛概括成花边状、水滴状、密集的羽状环绕圆中心的花鸟等自然景物，线条的粗细、形状的大小、疏密使规整的圆形富有变化，高明度的色彩强调了青瓷的色彩特征，优美而典雅。系列纹样可以分别应用在丝巾、抱枕、帆布包、T恤、鼠标垫等布艺文创产品中（图8-9），产品的材质、造型与纹样的色彩、造型要协调，如根据产品的造型特征进行位置、面积等的应用设计，根据产品的材质选择相应的纹样色彩，而且不同的工艺会产生不同的效果。

图8-8 "复苏"拓展设计

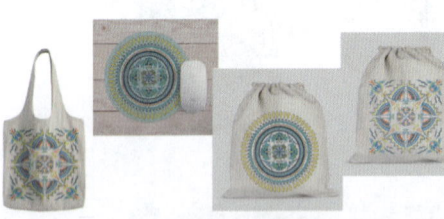

图8-9 "复苏"拓展设计的应用

（二）叙事主题2：天青色

选择越窑青瓷的行为文化内容和叙事点结合起来，故事讲述羊羊探索"西汉原始瓷壶"的制作场所。羊羊来到西汉时期，在一处仿若世外桃源处寻找青瓷的足迹。清晨时分，天色泛青，真是"山峦叠嶂千峰里"，飞鸟穿梭在云层与屋檐中，树木葱郁，工匠们正在制作"西汉原始瓷壶"。设计中，将劳作场景作为叙事中心，羊羊将此情此景记录了下来，高山、建筑、树林及劳作的人群，采用自由独立式构图，色彩结合了制瓷过程中需要的泥土、火焰及最后的釉色，整体生动而不失优雅，如图8-10所示。可应用于鼠标垫等产品中，如图 8-11 所示。

图8-10　"天青色"设计

图8-11　"天青色"设计的应用

"天青色"拓展设计。以西汉原始瓷壶及瓷壶上的鸟形为原型进行拓展设计，西汉原始瓷壶鼓腹有颈，瓷壶表面施一层透明草木灰釉或石灰釉，胎体上半部分用刻划工艺进行装饰，装饰分为三层，先用三条均匀的细线将空间进行分割，间距由大到小，然后在上两层绘制凤鸟纹，凤鸟形体简洁质朴，线条朴素，用小点装饰鸟身，凤鸟纹头尾相接，相互穿插，使用典型的二方连续方式构图，疏密得当。拓展设计如图 8-12 右上方左侧图所示，在造型设计中，采用正侧视角进行形态塑造，运用方形适合纹样的组织结构，瓷壶与鸟以圆为中心反复出现，稳定而富有节奏感。色彩以低纯度的不同明度清蓝灰为主，色调统一，以土暖灰做对比色增加活跃度。图 8-12 右上方右侧图采用俯视视角进行造型设计，中心壶口以鸟头形象替代，壶身围绕鸟头向外呈圆形水波纹拓展，最外侧圆四角装饰变形多头鸟纹，纹样运用四方连续构图形式，色彩采用中国传统的黑、白、孔雀蓝、

149

朱红，纹样端庄，色调明朗。图8-12右下将瓷壶上多头鸟进行再设计处理，形成朝向四个不同方向的相似鸟形进行二方排列，鸟羽运用金色和大面积蓝色形成对比，整体统一又富有变化。此系列纹样可用在系列日用布艺产品中，如布艺餐巾盒、口罩、靠垫、桌旗、杯垫等，如图8-13所示。

图8-12　"天青色"设计

图8-13　"天青色"设计的应用

（三）叙事主题3：自由

选择越窑青瓷的精神文化内容进行叙述设计，故事再现了"三国越瓷罐上堆塑鸟群"。羊羊来到东汉中晚期至三国时期。姿态各异的鸟形象出现在不同造型的青瓷上，装饰工艺有雕塑、刻划、模印、镂空等技法，不同的技法呈现出不同的效果。有的粗犷，有的精致，有的简单，有的复杂。其中，三国的越瓷堆塑罐上的鸟群尤为生动，堆塑罐共有5个口，四周4个小罐口围绕1个大罐口，罐身及罐口趴满了鸟，群鸟张开翅膀，或栖息，或欲展翅高飞。设计转化过程中，将"自由"作为叙事中心展开想象，静止的瓷塑在阳光下旋转，螺旋状不同粗细的线条及光点既代表阳光，又代表穿梭的时光，群鸟复活，在时光中振动翅膀飞向自由，如图 8-14 所示。

图8-14　"自由"设计

"自由"拓展设计。图 8-15 上左瓷塑上复活的群鸟从远古穿越到现实世界，不同色彩的竖条几何纹代表着一道道的屏障，虚幻鸟形态代表着穿越过程中的艰难险阻。图 8-15 上中逐渐清晰的鸟形暗示冲过屏障，竖条纹转为斜条纹，如风一样，阳光落在展翅的鸟身上，寓意一切充满着希望。图 8-15 右上线条消失，群鸟冲破一切障碍飞向丛林。图 8-15 下群鸟飞向山川河流，飞向自由。鸟造型从虚幻到真实，再到隐于自然中，运用叙事的思维诠释了自由的主题，运用暖色调强调了生活的温暖与希望。纹样结构形式多样，从强调单独鸟形态的独立纹样到烘托群鸟飞舞的适合纹样直至群鸟自由穿梭于山水间的二方连续结构，吻合了自由的主题。

图8-15　"自由"拓展设计

"自由"系列产品纹样适用于抱枕、桌旗、杯垫等系列产品,如图8-16所示。

图8-16 "自由"设计的应用

(四)叙事主题4:趋日

选择越窑青瓷的物质文化与叙事点结合设计。越窑青瓷鸟纹物质文化丰富,从整理的资料中选取具有代表性的类型展开物质文化叙事设计。羊羊分别研究了北宋初越瓷孔雀纹、北宋越瓷脉枕绶带鸟纹、北宋越瓷镂空凤纹、北宋初越瓷双鹤纹、唐代越瓷飞燕纹中的鸟形特征,并将它们作为主题灵感来源展开故事讲述。北宋初越瓷孔雀纹器皿外层运用划刻工艺刻划两只绕日而行的孔雀,造型优美,翎羽变化丰富,线条生动流畅,刻划细腻。青瓷中的孔雀栩栩如生,在阳光下飞舞起来,绚丽的羽毛,优美的姿态,随着阳光翩然起舞,带着羊羊穿梭在祥云中,奔向太阳。作为趋日主题的主纹样,风格华丽,色彩采用不同纯度及明度的红、黄、蓝色,大胆热烈,对比强烈而又协调,构图饱满,活泼而又稳定,寓意心向光明、万物兴盛、欣欣向荣。可用于口罩、丝巾、靠枕等文创产品中,如图8-17所示。

图8-17 "趋日"设计

"趋日"拓展设计。在主纹样热烈、华丽、丰盈的形象下,系列拓展形象设计趋向相对沉静和优雅,让系列纹样之间产生较强的视觉对比,主次分明,孔雀犹如王者统领百鸟,而百鸟在孔雀的庇护下,能安享平静快乐的生活。从"北宋越瓷脉枕绶带鸟纹"中提取绶带鸟,围绕叙事情节进行叙述表达。绶带鸟尾羽细长,身形较小,穿梭在花叶中。设计中流畅的线条如山脉,如河流,如流云,绶带鸟飞翔在安静的世界里,没有羁绊,万物和谐。鸟形象简洁、生动,色彩以藏青色为主,辅以白色和金色,呈现出宁静祥和的气氛。设计采用均衡式构图,具有自由、稳定的特征。

另一北宋越瓷绶带鸟纹中,三条细长线代表尾羽,鸟展翅引颈,姿态生动。在纹样中心,一对绶带鸟绕日而行,不同形态的云层分布于纹样外层,线条流畅,形式统一,以深蓝色为底,金色勾线,简洁明快。圆形适合构图视觉稳定,极具形式美,给人以安适圆满之感。可用于抱枕、帆布包、桌布、鼠标垫等文创产品中,如图8-18所示。

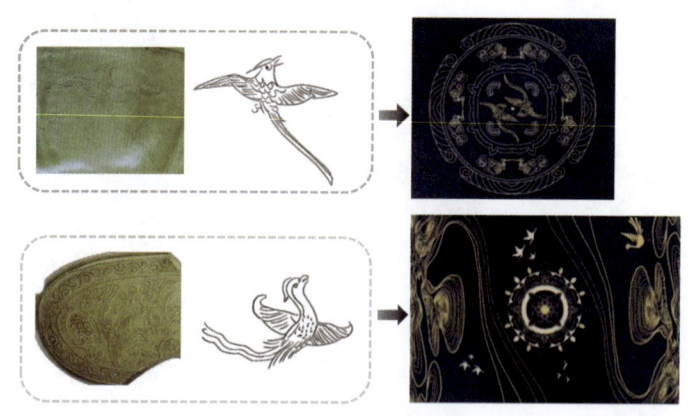

布艺上的越窑青瓷——基于叙事思维下的地域文创产品设计

图8-18 "趋日"拓展设计（一）

　　北宋越瓷镂空凤纹特征明显，凤鸟羽毛卷曲自然，形态饱满，立体镂空工艺使凤鸟与器皿融为一体，如沉睡在历史中。太阳从海平面升起，凤鸟从镂空器皿里苏醒，镂空形态转化为祥云、海浪与太阳，凤鸟展翅于云层中。色彩使用藏青色与米黄色形成对比，使凤鸟形象鲜明，色调沉稳和谐，构图自由稳定，寓意吉祥。可用于帆布包、T恤等文创产品中，如图8-19所示。

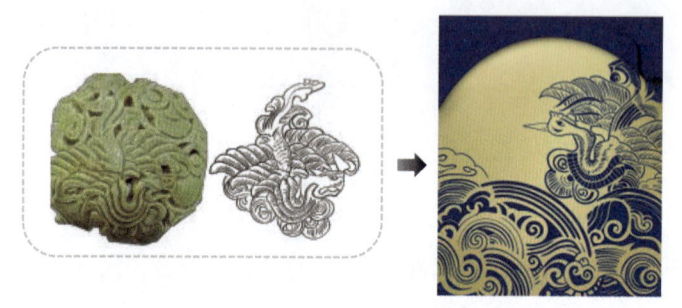

图8-19 "趋日"拓展设计（二）

　　北宋初越瓷双鹤纹与云鹤纹中，双鹤神态自然，刻划细密线翎羽，周边均匀环绕卷草纹。双鹤环绕着清晨的太阳，树林、山川一同醒来，一切充满希望。色彩采用低纯度的蓝绿色、米黄色，和谐而又活泼。采用均衡式构图,既具有对称美,又不呆板。可用于眼罩、鼠标垫、杯垫等布艺文创产品中。

云鹤穿过云层,停在树梢,憧憬着明日的太阳依旧热烈,憧憬着与其一同翱翔在天空的自由。从地面衍生的玫瑰寓意着鸟儿对天空的热情、真诚与浪漫。采用暖色调,同时低纯度的对比色让视觉效果变得丰富,构图独特,富有动感。可用于靠垫、鼠标垫等文创产品中,如图 8-20 所示。

图8-20 "趋日"拓展设计(三)

唐代越瓷飞燕纹中,燕子双翅对称展开,虽寥寥数笔,却栩栩如生。燕子也向往远方,从青瓷中飞向蓝天,飞向太阳,一切都充满生机和活力。色彩单纯,运用细腻的勾线表现形态的生动,采用二方连续的构图形式,可以用于桌旗、帆布包等文创产品,充满生机和活力,如图 8-21 所示。

图8-21 "趋日"拓展设计(四)

"趋日"系列设计应用。此系列纹样形式多样,造型丰富,适用范围较广,选取了其中的 iPad 绒面壳、抱枕、丝巾、布艺纸巾盒、手提包、帆布包等产品进行应用,如图 8-22 所示。

布艺上的越窑青瓷——基于叙事思维下的地域文创产品设计

图8-22 "趋日"系列设计的应用

（五）叙事主题5：守护

通过对越窑青瓷文化的一系列复兴行为，倡导守护地域传统文化。故事从守护"越瓷鸮形"开始，羊羊来到魏晋时期，发现一底部四足，两耳立肩，盖似鸟头状的瓷器，器物的原型为一种在上古时期充满神秘气息、受人类尊敬和崇拜、被认为通灵鬼神的禽类——鸱鸮，即今天俗称的"猫头鹰"。鸱鸮也被视作黑暗夜空的守护神，瓷罐形态敦厚，器身刻划几何形，如鸟身上的层层羽毛，浅黄绿釉色透着温馨与雅致。在设计过程中，将"守护"作为叙事中心，造型上将猫头鹰形象进行几何化处理围绕在四周，中心处设计青瓷猫头鹰图样，寓意保护与传承越窑青瓷传统文化，采用对称式方形适合纹样的组织结构，与鸮形越窑器型透露出的稳重神秘相吻合，整体采用暖色调，少许的冷色使纹样宁静中蕴含着活泼之感，如图8-23所示。

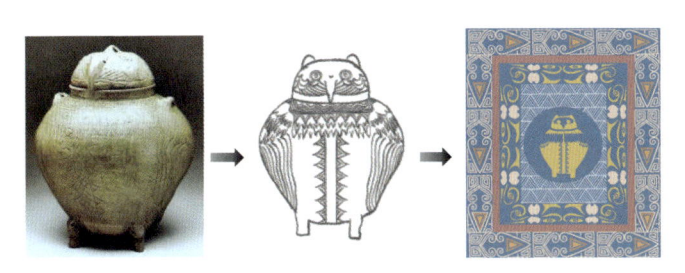

图8-23 "守护"设计

"守护"拓展设计。图 8-24 中间纹样采用圆形适合组织结构形式，将鸮形置于中心位置，大小间距不等的圆形围绕鸮形，层层套叠以诠释主题含义，各式几何形来自鸮形罐上的几何组合，纹样疏密有致，形象饱满。图 8-24 右部纹样采用方形适合组织结构形式，中心处设计灯形光芒，鸮形位于四角，仿若立于光芒之上，以几何级越窑上常见的卷草纹做边饰与内部纹饰相对应，纹样方正端庄，富有节奏感。"守护"系列产品适用于不同造型的靠垫、帆布包等文创产品中，如图 8-25 所示。

图8-24 "守护"拓展设计

图8-25 "守护"系列设计的应用

157

以上以越窑青瓷文化为对象，在理论指导的前提下，通过具体的且具有连贯性的系列设计实践对基于叙事思维的地域布艺文创产品设计流程进行了验证，最终完成叙事设计语言的表达，并将设计成果应用于不同叙事载体，满足消费者需求的同时展现了地域文化内涵，旨在对地域文化进行传承与传播。

第九章 结语

布艺上的越窑青瓷——基于叙事思维下的地域文创产品设计

　　文创产品源于文化内容，是通过一定的创意手段进行转化使之具有市场价值的产品，强调产品的文化内涵，体现产品的文化价值。地域文创产品作为地域文化的传播者，对于地方文化的传承和发展具有积极作用。而叙述设计理论的引入，改变了传统地域文创产品开发设计思路，通过故事的形式向消费者传递文化内涵，旨在建立消费者与产品之间的联系，用生动的方式引导消费者体验产品文化，激发消费者对地域文化的认同感并主动传播，从而加强地域文化的传承。本书的研究内容顺应我国文化创意产业与高速发展的时代背景，聚焦具有民族性、地方性、传承性的布艺文创产品设计领域，对地域性布艺文创产品中叙事设计思维的理论与应用展开了较为充分的探讨，并结合具有地域特色的越窑青瓷文化进行相应的设计实践，形成了从理念到应用的转化链条，呈现出对中国传统民俗文化的挖掘与思考，为在当下的社会语境中进一步激活文化遗产的丰厚价值提供了一个较为有效的思路，同时，这一主题也值得文创产品设计领域的同仁持续探讨。

　　然而地域布艺文创产品叙事设计路径和研究还处于初级阶段，对数字技术赋能文创产品设计等方面需要不断深入研究与不断优化。市场反馈是检验理论及设计有效性的重要依据，因此本设计实践需要一定规模的市场检验。因此，将文创产品叙事设计理论及实践成果应用于具体的市场之中，通过市场反馈，可以了解用户对产品的满意度及对新功能的期望，市场反馈有助于评估理论及设计的可行性及有效性，并推动理论及设计的再创新，以满足市场的变化和消费者需求的升级。

参考文献

[1]刁继晴.基于叙事思维的地域文创产品设计研究：以徐州为例[D].徐州：中国矿业大学，2022.

[2]王思怡.基于叙事性设计的江南古桥文创产品设计研究[D].上海：东华大学，2020.

[3]陈晓萍.民间布艺[M].北京：中国轻工业出版社，2007.

[4]常丽霞，高卫东.鱼形图案在我国民族服饰中的文化寓意[J].纺织学报，2009(9)：3.

[5]宁小庆.夏商周青铜器纹饰与原始宗教的关系[J].房地产导刊，2013(11)：398.

[6]赵翠翠.苏州刺绣荷包艺术研究[D].苏州：苏州大学，2016.

[7]樊瑛婕.基于中国传统虎形在纺织文创产品中的应用研究[D].上海：东华大学，2021.

[8]黄昊翔.基于文化认同理论的地域文化展示策略研究：以浦东沈庄文化展示为例[D].上海：东华大学，2022.

[9]克利福德·格尔茨.文化的诠释[M].韩莉，译.南京：译林出版社，1999.

[10]杨程，范佳晨.基于感质理论的文创产品设计方法研究[J].包装工程，2020，41(14)：61-66.

[11]葛一方.大学校友文化建设研究[D].沈阳：沈阳建筑大学，2021.

[12]胡雪.守正创新，让中华优秀传统文化生生不息[J].新课程导学，2023(32)：1-4.

[13]张夫也.设计是社会文化的创造硬核：张夫也谈"设计与文化"[J].设计，2020，33(2)：66-75.

[14]王巍，李昱娇.基于土家织锦符号化图形的文创产品设计方法研究[J].文艺评论，2015(9)：138-141.

[15]刘国强.叙事学视野下的城市历史街区保护与更新研究[D].长沙：湖南大学，2019.

[16]聂晶. 杰拉德·普林斯的叙事理论研究[D]. 上海：华东师范大学，2014.

[17]柴冬冬. 互文性视角下张艺谋电影的色彩叙事[J]. 电影评介，2011(13)：7-9，13.

[18]龙迪勇. 空间叙事学[M]. 北京：生活·读书·新知三联书店，2015.

[19]海登·怀特. 形式的内容：叙事话语与历史再现[M]. 董立河，译. 北京：北京出版社，2005.

[20]唐纳德·诺曼. 日常的设计[M]. 小柯，译. 北京：中信出版社，2015.

[21]张苇，黄畅畅. 文创产品的趣味性设计[J]. 包装工程，2021，42(14)：290-295，311.

[22]郭肖倩. 基于民间信仰文化的文创叙事设计研究[D]. 南京：东南大学，2020.

[23]林学伟，关爽. 现代装置艺术的精神结构[J]. 黑龙江科技信息，2011(30)：263.

[24]胡敏. 六朝越窑瓷塑研究[D]. 杭州：中国美术学院，2022.

[25]陈姣燕. 越窑青瓷辟邪的文化内涵探析：以杭州博物馆馆藏西晋越窑青瓷狮形辟邪为例[J]. 文物鉴定与鉴赏，2021(13)：28-30.

[26]李佩姗. 神话传说影响下的蟾蜍文化研究[D]. 重庆：重庆大学，2020.

[27]周梦圆，周保华. 南京东吴丁奉墓出土釉陶骑马俑及相关问题探讨[J]. 考古，2023(9)：90-99.

[28]刘虹. "九秋风露越窑开，夺得千峰翠色来"：浅论越窑青瓷[J]. 景德镇陶瓷，2002(4)：18-20.

[29]房峰. 基于文化心理结构的宋代耀州窑刻划花瓷纹饰研究[D]. 景德镇陶瓷学院，2012.

[30]姚炜. 越窑青瓷的海外文化交流探究[J]. 佛山陶瓷，2022，32(8)：152-156.

[31]刘莹. 禅思想与越窑青瓷礼佛器具研究[D]. 杭州：浙江理工大学，2019.

[32]万剑，周艺红，梅娜芳. 论隋唐时期越窑青瓷艺术海外传播路径与民族文化影响力[J]. 江苏陶瓷，2022，55(3)：21-26.

[33]范田田. 浅析越窑青瓷的装饰艺术特征与创新设计[J]. 陶瓷科学与艺术，2023，57(1)：80-81.

[34]赵畅. 谷仓：西晋越窑青瓷的代表作[N]. 美术报，2015.

[35]陈姣燕. 越窑青瓷辟邪的文化内涵探析：以杭州博物馆馆藏西晋越窑青瓷狮形辟邪为例[J]. 文物鉴定与鉴赏，2021(13)：28-30.